Solutions Manual

INTRODUCTION TO DIGITAL CONTROL SYSTEMS

HUGH F. VANLANDINGHAM
Virginia Polytechnic Institute

INTERNATIONAL TECHNOLOGICAL UNIVERSITY
This Book is Donated by:
PROF. WAI-KAI CHEN
Date:

Macmillan Publishing Company
New York

Collier Macmillan Publishers
London

Copyright © 1985, Macmillan Publishing Company, a division of Macmillan, Inc.

Printed in the United States of America

All rights reserved. No part of this book may be reproduced or transmitted in any form or by any means, electronic or mechanical, including photocopying, recording, or any information storage and retrieval system, without permission in writing from the Publisher.

Macmillan Publishing Company
866 Third Avenue, New York, New York 10022

Collier Macmillan Canada, Inc.

ISBN 0-02-422620-3

Printing: 1 2 3 4 5 6 7 8   Year: 5 6 7 8 9 0 1 2 3 4 5

CONTENTS

	Page
Chapter 1......Introduction to Digital Control..........................	1
Chapter 2......Transform Analysis.......................................	5
Chapter 3......State-Variable Analysis for Discrete-Time Systems.........	14
Chapter 4......System Simulation Techniques.............................	26
Chapter 5......Digital Implementation...................................	45
Chapter 6......Design in the Z-Domain...................................	55
Chapter 7......Controllability and State-Variable Feedback...............	60
Chapter 8......Observability and State Estimator Design..................	76
Chapter 9......Introduction to Optimal Control...........................	86

CHAPTER 1

1-1 (a) linear
(b) nonlinear since $\sin y$ is a nonlinear function of the dependent variable.
(c) linear, time-varying
(d) nonlinear due to the y^2 term.

1-2 (a) stationary (constant coefficients)
(b) stationary (no t variations other than signals)
(c) time-varying due to coefficients $a(t)$, $b(t)$.
(d) time-varying due to $a(t)$

1-3 Electrical transmission line:
$z(x,t)$ ~ line voltage at position x, time t
$u(x,t)$ ~ applied voltage along the line
$c^2 = \frac{1}{LC}$, $L(C)$ = inductance (capacitance) per unit length of line

Vibrating string:
$z(x,t)$ ~ string deflection at position x, time t
$u(x,t)$ ~ transverse force applied to string
$c^2 = \frac{T}{\rho}$, T = tension force, ρ = string density (mass/unit length)

1-4 $v(k) = \sum_{j=0}^{k} e(j)$

$v(k)$ = samples of the area of the cross-hatched region

1-5 Maximum frequency of $x(t)$ is 10 rad./sec.
$\therefore B = \frac{10}{2\pi}$ $\therefore$ min. sampling rate = $10/\pi$ Hz.

1-6 $x(kT) = \{3, 1.820, -0.859, -2.405, -1.244, 1.692, ...\}$
$x(t)$ can be reconstructed using the interpolation formula (p. 15) which is equivalent to passing
$x^*(t) = \sum_{k=0}^{\infty} x(kT) \delta(t-kT)$ thru a low-pass filter with cut-off at 5 Hz.

1-7 (a) Signed magnitude

(sign bit)

7	0111	-1	1001
6	0110	-2	1010
5	0101	-3	1011
4	0100	-4	1100
3	0011	-5	1101
2	0010	-6	1110
1	0001	-7	1111
0	0000		

(b) 2's complement (for negative numbers)

(sign bit)

7	0111	-1	1111
6	0110	-2	1110
5	0101	-3	1101
4	0100	-4	1100
3	0011	-5	1011
2	0010	-6	1010
1	0001	-7	1001
0	0000		

1-8 Since $\frac{1}{T} = 100$ Hz., period of $X(\omega)$ is 200π rad./sec.

1-9 For decimal -2, $b_2 b_1 b_0 = 110$
From Fig. 1-8 $e_1 = -0.8 (0 + \frac{1}{2} + 0) 5 = -2$ V
and $e_0 = 2 - 4 = -2$ V

1-10

$y(t)$ values: 1, $\frac{\sqrt{2}}{2}$, 0, $-\frac{\sqrt{2}}{2}$, -1 plotted vs t/T at points $0, 1, 2, 3, 4, 5, 6, 7, 8$.

1-11 Assuming that 10 V corresponds to eleven "ones" (sign bit omitted) in binary, the maximum error magnitude is 0.00488 V. Following the procedure in Fig. 1-11, the digital output for +2.9V in is

0 01001010001 → 2.89551 V.
↑
(sign bit)   (with an error of 0.00449 V.)

The ADC clock should be at least 16 times the sampling rate to allow for conversion time (as well as computation time) during one sample interval (since it takes 12 ADC clock pulses for conversion).

1-12 Given that the year is divided into N intervals,
$$P_N = (1+r)^N P_0$$

(a) $P_4 = (1+r)^4 P_0$
$r = 0.06/4 = 0.015$
$(1+0.015)^4 = 1.06136$
∴ effective APR = 6.136%

(b) $P_{12} = (1+r)^{12} P_0$
$r = 0.06/12 = 0.005$
$(1+0.005)^{12} = 1.06168$
∴ effective APR = 6.168%

1-13 $c(k) = h(k) * 1(k)$ (see Example 1-12)

| 1 | 0.5 | 0.25 | 0.125 | ... |

... | 1 | 1 | 1 | 1 | →

$c(k) = \{1, 1.5, 1.75, 1.875, \ldots\} = 2 - (0.5)^k$
for $k = 0, 1, 2, \ldots$

1-14 (a)

| 1 | 1 | -1 | 1 |

| -2 | -1 | 2 | 0 | 1 | →

$x(k) * y(k) = \{1, 1, 1, 2, -5, 1, 1, -2\}$

(b)

| 1 | 1 | 1 | 1 | 1 | ... |

... | 5 | 4 | 3 | 2 | 1 | →

$x(k) * y(k) = \{1, 3, 6, 10, 15, 21, \ldots, \sum_{n=1}^{k+1} n, \ldots\}$

1-15 (see Example 1-9)

$$P = \frac{rL}{1 - (1+r)^{-n}} = \frac{(0.01)\,10{,}000}{1 - (1.01)^{-36}} = \$332.14$$

1-16 Unit-step response $y(k) = h(k) * 1(k)$

| 4 | 3 | 2 | 1 |

... | 1 | 1 | 1 | 1 | 1 | →

$y(k) = \{4, 7, 9, 10, 10, 10, 10, \ldots\}$
∴ steady-state response = 10.

1-17 Using the method of Example 1-12, assume sequences of length N and $M \geq N$,

```
           |←————— M —————→|
           | x  x  x  ···  x |
| x  ···  x  x →|
|←——— N ———→|
```

The initial configuration shown above provides the first non-zero convolutional term, $k=0$. At $k = M-1$ the right-hand ends of the two strips will be lined up. And after $N-1$ additional steps the last non-zero entry is reached. It follows that (counting $k=0$) the convolutional output is $\underline{(M+N-1)}$ non-zero sequence values.

1-18 (a) $y(k+1) + 2y(k) = 1$, $y(0) = -1$

$A(z) = z+2$, $r_1 = -2$, $y_H(k) = C_1(-2)^k$

$\therefore y(k) = y_H(k) + y_p(k) = C_1(-2)^k + D_1$

Since $y_p(k) = D_1$ must satisfy the difference equation;

$D_1 + 2D_1 = 1$, $D_1 = 1/3$.

The total solution must satisfy the "initial condition".

$y(0) = C_1 + \frac{1}{3} = -1$, $C_1 = -\frac{4}{3}$

$\therefore \underline{y(k) = (1 - 4(-2)^k)/3 \text{ for } k \geq 0}$.

(b) $y(k+2) - 2y(k+1) + y(k) = 2^k$, $y(0) = y(1) = 1$.

$A(z) = z^2 - 2z + 1$, $r_1 = r_2 = 1$, $y_H(k) = D_1 + D_2 k$

$y_p(k) = D_3 2^k$, $D_3 2^{k+2} - 2D_3 2^{k+1} + D_3 2^k = 2^k$

$\therefore D_3 = 1$, $y(k) = D_1 + D_2 k + 2^k$

$\begin{cases} y(0) = D_1 + 1 = 1 \\ y(1) = D_1 + D_2 + 2 = 1 \end{cases} \Rightarrow \begin{matrix} D_1 = 0 \\ D_2 = -1 \end{matrix} \Rightarrow \underline{y(k) = 2^k - k, \; k \geq 0}$

(c) $y(k+2) - 3y(k+1) + 2y(k) = 2^k$, $y(0) = y(1) = 1$

$y_H(k) = C_1 + C_2 2^k$, $[A(z) = (z-1)(z-2).]$

$y_p(k) = D_1 k 2^k$ (since 2^k is a term in $y_H(k)$.)

$D_1 = \frac{1}{2}$ $\begin{cases} C_1 + C_2 = 1 \\ C_1 + 2C_2 + 1 = 1 \end{cases}$ $\underline{y(k) = 2 - (1 - \frac{k}{2})2^k, \; k \geq 0}$.

CHAPTER 2

2-1
$$S_n = 1 + a + a^2 + \cdots + a^n$$
$$aS_n = \quad a + a^2 + \cdots + a^n + a^{n+1}$$
$$S_n - aS_n = 1 - a^{n+1} \qquad \therefore S_n = \underline{\frac{1-a^{n+1}}{1-a}}$$

2-2
$$X(z) = 0 + z^{-1} + 2z^{-2} + 3z^{-3} + 3z^{-4} + \cdots$$
$$= z^{-1} + 2z^{-2} + 3z^{-3}(1 + z^{-1} + z^{-2} + \cdots)$$
$$= z^{-3}\left(z^2 + 2z + 3\frac{z}{z-1}\right) = \underline{\frac{z^2 + z + 1}{z^2(z-1)}}$$

2-3 (a) $C(z) = X(z)Y(z) = (1 + 2z^{-1} + z^{-2})\frac{z}{z-1} = \frac{z^2 + 2z + 1}{z(z-1)}$

$\therefore \frac{C(z)}{z} = \frac{z^2 + 2z + 1}{z^2(z-1)} = \frac{-1}{z^2} + \frac{-3}{z} + \frac{4}{z-1}$

$\therefore \underline{c(k) = 4 - 3\delta(k) - \delta(k-1) \quad \text{for } k \geq 0}$

(b) $Y(z) = 1 + z^{-2} + z^{-4} + \cdots - (z^{-1} + z^{-3} + z^{-5} + \cdots)$

$= \frac{1}{1-z^{-2}} - \frac{z^{-1}}{1-z^{-2}} = \frac{z^2 - z}{z^2 - 1} = \frac{z(z-1)}{(z-1)(z+1)} = \frac{z}{z+1}$

$\therefore \frac{C(z)}{z} = \frac{z^2 + z + 1}{z^2(z-1)(z+1)} = \frac{-1}{z^2} + \frac{-1}{z} + \frac{3/2}{z-1} + \frac{-1/2}{z+1}$

$\therefore \underline{c(k) = \frac{3}{2} - \frac{1}{2}(-1)^k - \delta(k) - \delta(k-1), \quad k \geq 0}$

2-4 (a) $y(k+1) = -2y(k)$ \qquad $zY(z) - z + 2Y(z) = 0$

$y(0) = 1, \ y(1) = -2,$ \qquad $Y(z) = \frac{z}{z+2}$

$y(2) = 4, \ y(3) = -8, \ldots$ \qquad $\therefore \underline{y(k) = (-2)^k, \ k \geq 0.}$

(b) $y(k+1) = ay(k) + 1(k-1)$ \qquad $zY(z) - aY(z) = z^{-1}\left(\frac{z}{z-1}\right)$

$y(0) = 0$ \qquad\qquad $\frac{Y(z)}{z} = \frac{1}{z(z-1)(z-a)}$

$y(1) = 0 + 1(-1) = 0$

$y(2) = 1, \ y(3) = a+1, \ldots$ \qquad $= \frac{1/a}{z} + \frac{1/(1-a)}{z-1} + \frac{1/a(a-1)}{z-a}$

\qquad\qquad $\therefore \underline{y(k) = \frac{1}{a}\delta(k) + \frac{1}{1-a}(1 - a^{k-1})}$

check: \qquad\qquad\qquad\qquad\qquad\qquad for $k \geq 0.$

$y(0) = \frac{1}{a} + \frac{1}{1-a} \cdot \frac{a-1}{a} = 0$

$y(1) = \frac{1}{1-a}(1-1) = 0$

$y(2) = \frac{1}{1-a}(1-a) = 1 \quad , \quad y(3) = \frac{1-a^2}{1-a} = 1+a, \text{ etc.}$

(see Problem 2-1.)

2-5 $h(k) = Z^{-1}\{H(z)\}$, $\dfrac{H(z)}{z} = \dfrac{5z^2 + 2z + 1}{z(z+1)(z+2)}$

$\dfrac{H(z)}{z} = \dfrac{1/2}{z} + \dfrac{-4}{z+1} + \dfrac{17/2}{z+2}$ $\therefore h(k) = \dfrac{1}{2}\delta(k) - 4(-1)^k + \dfrac{17}{2}(-2)^k$
for $k \geq 0$.

2-6 (a) $u(k) \rightarrow \boxed{\Delta^2} \rightarrow y(k)$

$y(k) = \Delta(\Delta u(k))$
$= \Delta[u(k) - u(k-1)]$
$= u(k) - 2u(k-1) - u(k-2)$

$\dfrac{Y(z)}{U(z)} = \dfrac{z^2 - 2z - 1}{z^2}$ $Y(z) = U(z) - 2z^{-1}U(z) - z^{-2}U(z)$

(b)

k	f(k)	Δf(k)	Δ²f(k)
0	1	1	1
1	4	3	2
2	9	5	2
3	16	7	2
4	25	9	2

$\therefore \Delta^2 f(k) = 2 \cdot 1(k) - \delta(k)$

$Z\{\Delta^2 f\} = \dfrac{z+1}{z-1}$

$\therefore F(z) = \left(\dfrac{z+1}{z-1}\right)\left(\dfrac{z^2}{z^2 - 2z - 1}\right)$

2-7 $D(z) = \dfrac{Y(z)}{X(z)} = \dfrac{3.8 + 0.2z^{-1} + z^{-2} + z^{-3} + \cdots}{1 + 0.6z^{-1}} = \dfrac{3.8 + 0.2z^{-1} + z^{-2}\left(\frac{z}{z-1}\right)}{1 + 0.6z^{-1}}$

$\therefore D(z) = \dfrac{3.8z^2 - 3.6z + 0.8}{(z-1)(z+0.6)}$

2-8 Unit pulse response:

$1 + z^{-1} - z^{-2} + z^{-3} \overline{\smash{\big)}\, 1 + z^{-1} + z^{-2} + 2z^{-3} - 5z^{-4} + z^{-5} + z^{-6} - 2z^{-7}}$

quotient: $1 + 0z^{-1} + 2z^{-2} - z^{-3} - 2z^{-4}$

$\therefore H(z) = \dfrac{Y(z)}{X(z)} = 1 + 2z^{-2} - z^{-3} - 2z^{-4}$ $\therefore h(k) = \{1, 0, 2, -1, -2\}$

It is expected that $h(k)$ is length $5 = M$, since length $x(k) = 4 = N$, and length $y(k)$ is $8 = N + M - 1$.

Unit-step response: (convolution method) $= \{1, 1, 3, 2, 0, 0, \ldots\}$

2-9 $H(z) = \left.\dfrac{Y(z)}{U(z)}\right|_{\text{initial zero conditions}} = \dfrac{6z^2 - 2z}{z^2 - z - 2}$

z-plane: poles at -1, 0, $\tfrac{1}{3}$; zero at 2 (sketch)

2-10 (a) IIR — pole on real axis at 1 (×)

(b) FIR — zero (2) at 0, pole (2) at 1

(c) $H_c(z) = 1 + z^{-1} + z^{-2} + z^{-3} = \dfrac{z^3 + z^2 + z + 1}{z^3}$

(See Problem 2-1)

$\therefore H_c(z)$ is FIR

z-plane sketch: pole (3) at origin, zeros on unit circle

Note that FIR systems may have poles only at the origin.

2-11 We will configure the desired unit-pulse response by "adding ramps": Start with a unit-ramp at $k=0$, subtract away two unit ramps at $k=10$ and add one at $k=20$. ∴ The FIR system transfer function is
$$(1 - 2z^{-10} + z^{-20}).$$

2-12 If $H(z) = \frac{N(z)}{D(z)}$ and order $N >$ order D, then on dividing N by D, $H(z) = a_r z^r + \cdots + a_0 + \frac{N'(z)}{D(z)}$ where r is the difference in orders and order N' is less than order D. The corresponding unit-pulse response
$$h(k) = a_r \delta(k+r) + \cdots + a_0 \delta(k) + [\text{other terms}]$$
showing that $h(k)$ is not causal (since the response to a unit-pulse at $k=0$ begins at $k=-r$).

2-13 $Y(z) = \frac{2z}{z-1} - \frac{z}{z-\frac{1}{2}} = \frac{z}{z-\frac{1}{2}} \cdot \frac{z}{z-1}$, ∴ $D(z) = \underline{\frac{z}{z-\frac{1}{2}}}$.

2-14 From the given transfer function
$$y(k+1) - 0.5\, y(k) = 2u(k+1) + u(k), \quad y(0) = 3, \; u(k) = 1(k)$$
Transforming, $zY(z) - 3z - 0.5 Y(z) = 2z U(z) - 2z + U(z)$
With $U(z) = \frac{z}{z-1}$, $Y(z) = \frac{3z}{z} = \frac{3z}{(z-1)(z-0.5)} = \frac{6}{z-1} + \frac{-3}{z-0.5}$

∴ $\underline{y(k) = 6 - 3(0.5)^k, \; k \geq 0.}$

2-15 Loops: $L_1 = -0.5 z^{-1}$, $L_2 = -z^{-2}$, $L_3 = -2z^{-1}$,
$L_4 = -0.4 z^{-1}$
Non touching pairs: $L_1 L_4$, $L_2 L_4$.
$\Delta = 1 - (L_1 + L_2 + L_3 + L_4) + (L_1 L_4 + L_2 L_4) = \underline{1 + 2.9 z^{-1} + 1.2 z^{-2} + 0.4 z^{-3}}$.

(a) Forward path: $P_1 = z^{-3}$, $\Delta_1 = 1$
∴ $\frac{Y(z)}{R(z)} = \frac{P_1 \Delta_1}{\Delta} = \underline{\frac{1}{z^3 + 2.9 z^2 + 1.2 z + 0.4}}$.

(b) Forward path: $P_1 = z^{-2}$, $\Delta_1 = 1 - L_4 = 1 + 0.4 z^{-1}$
∴ $\frac{C(z)}{R(z)} = \frac{P_1 \Delta_1}{\Delta} = \underline{\frac{z + 0.4}{z^3 + 2.9 z^2 + 1.2 z + 0.4}}$.

2-16 Loops: $L_1 = -G_1 H_1$, $L_2 = -G_2 H_2$, $L_3 = -G_3 H_3$,
$L_4 = -G_1 G_4 G_3$, $L_5 = -G_1 G_2 G_3$.

Non touching pairs: $L_1 L_2$ and $L_1 L_3$

Forward paths: $P_1 = G_1 G_2 G_3$, $\Delta_1 = 1$
$P_2 = G_1 G_4 G_3$, $\Delta_2 = 1$

$$\therefore \frac{C}{R} = \frac{P_1 \Delta_1 + P_2 \Delta_2}{\Delta} = \frac{G_1 G_3 (G_2 + G_4)}{1 + G_1 H_1 + G_2 H_2 + G_3 H_3 + G_1 G_4 G_3 + G_1 G_2 G_3 + G_1 H_1 (G_2 H_2 + G_3 H_3)}$$

2-17 (a) $Y_a(z) = \dfrac{z^3 - 4z^2 + 5}{(z-1)^3}$

$$\frac{Y_a(z)}{z} = \frac{z^3 - 4z^2 + 5}{z(z-1)^3} = \frac{-5}{z} + \frac{2}{(z-1)^3} + \frac{-7}{(z-1)^2} + \frac{6}{z-1}$$

$\therefore y_a(k) = -5\delta(k) + 6 - 7k + k(k-1)$, $k \geq 0$.

(b) $\dfrac{Y_b(z)}{z} = \dfrac{3z^2 - 3z + 1}{(z-1)[(z-1)^2 + 1]} = \dfrac{1}{z-1} + \dfrac{Az+B}{(z-1)^2 + 1}$

$\therefore \dfrac{Az+B}{z^2 - 2z + 2} = \dfrac{3z^2 - 3z + 1 - z^2 + 2z - 2}{(z-1)(z^2 - 2z + 2)} = \dfrac{2z+1}{z^2 - 2z + 2}$

$\therefore Y_b(z) = \dfrac{z}{z-1} + \dfrac{2z^2 + z}{z^2 - 2z + 2} = \dfrac{z}{z-1} + \dfrac{2(z-1) + 3}{z^2 - 2z + 2}$

$\therefore y_b(k) = 1 + 2^{k/2} \left[2 \cos \dfrac{\pi k}{4} + 3 \sin \dfrac{\pi k}{4} \right]$, $k \geq 0$.

(See Example 2-28, $a = \dfrac{\pi}{4}$, $b = \sqrt{2}$, $\alpha = 2$, $\beta = 3$)

2-18 Let $n = k - 1$ be a new index
$x(n+2) + 2x(n+1) + x(n) = 0$
For $n = -1$, $x(1) = -2x(0) - x(-1) = -2(1) - 2 = -4$

Transforming: $z^2 X(z) - z^2(1) - z(-4) + 2[z X(z) - z(1)] + X(z) = 0$

$\dfrac{X(z)}{z} = \dfrac{z-2}{(z+1)^2} = \dfrac{-3}{(z+1)^2} + \dfrac{1}{z+1}$, $\therefore x(k) = (-1)^k (1 + 3k)$ for $k \geq 0$.

2-19 Each letter written produces 4 new letters.
$\therefore N(k+1) = 4 N(k)$, $N(0) = 1$
At the 7th generation (with your name at the top) there are 4^7 letters out. $\therefore$ You receive \$16,384.

2-20

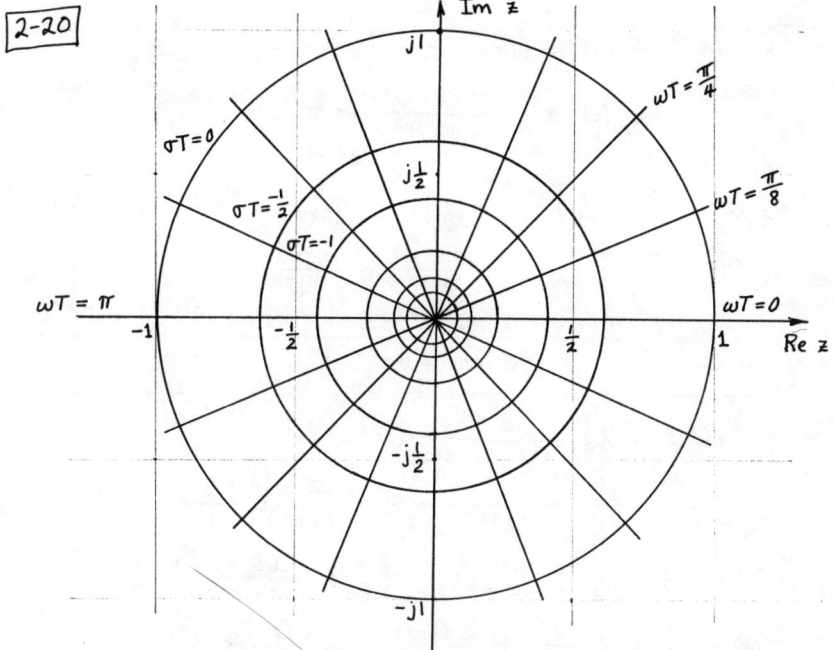

A continuous-time system pole at $s = -1$ has a discrete-time image at $e^{-T} \angle 0$ in the z-plane. Thus, as T varies from very small to very large, the image pole moves along the positive real z-axis from $z \approx 1$ to $z \approx 0$.

2-21

$$F(z) = \frac{Kz}{z^2 - z + 0.5} = \frac{Kz}{z^2 - 2ze^{-aT}\cos\omega T + e^{-2aT}}$$

$\therefore aT = \frac{1}{2}\ln 2$, $\omega T = \frac{\pi}{4}$, $K = \frac{1}{2}$.

$\therefore F(z) = \frac{0.5 z}{z^2 - z + 0.5} = \frac{1}{2}[z^{-1} + z^{-2} + 0.5 z^{-3} + 0 \cdot z^{-4} - 0.25 z^{-5}$
$- 0.25 z^{-6} - 0.125 z^{-7} + 0 \cdot z^{-8}$
$+ 0.0625 z^{-9} + 0.0625 z^{-10} + \cdots]$

$f(k) = \{e^{-aTk} \sin \omega Tk\}$, samples of $e^{-at} \sin \omega t$,
but we only know aT and ωT, not a and ω.
T is a scale factor on the time axis.

2-22 (a) $\hat{G}_a(z) = (1-z^{-1})\,\mathcal{Z}\left\{\frac{1}{s^3}\right\} = \frac{z-1}{z}\left[\frac{T^2 z(z+1)}{2(z-1)^3}\right]$

$$\hat{G}_a(z) = \frac{T^2(z+1)}{2(z-1)^2}$$

(b) $\hat{G}_b(z) = \frac{z-1}{z}\,\mathcal{Z}\left\{\frac{2}{s^2(s+2)}\right\}$, $\frac{2}{s^2(s+2)} = \frac{1}{s^2} + \frac{-1/2}{s} + \frac{1/2}{s+2}$

$\hat{G}_b(z) = \frac{z-1}{z}\left[\frac{Tz}{(z-1)^2} - \frac{0.5\,z}{z-1} + \frac{0.5\,z}{z-e^{-2T}}\right]$

$\hat{G}_b(z) = \frac{(T-0.5+0.5e^{-2T})z + (0.5-Te^{-2T}-0.5e^{-2T})}{(z-1)(z-e^{-2T})}$

(c) $\hat{G}_c(z) = \frac{z-1}{z}\,\mathcal{Z}\left\{\frac{2}{s^2(s+1)(s+2)}\right\}$

$\frac{2}{s^2(s+1)(s+2)} = \frac{1}{s^2} + \frac{-3/2}{s} + \frac{2}{s+1} + \frac{-1/2}{s+2}$

$\hat{G}_c(z) = \frac{z-1}{z}\left[\frac{Tz}{(z-1)^2} - \frac{1.5\,z}{z-1} + \frac{2z}{z-e^{-T}} - \frac{0.5\,z}{z-e^{-2T}}\right]$

$\hat{G}_c(z) = -1.5 + \frac{T}{z-1} + \frac{2(z-1)}{z-e^{-T}} - \frac{0.5(z-1)}{z-e^{-2T}}$

2-23 (a)

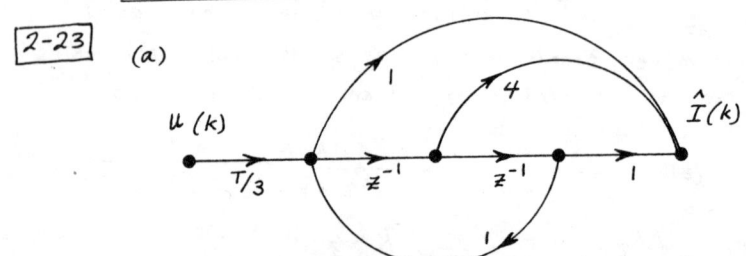

(b)

t	0	1	2	3	4	5	6	7	8	9	10
u(t)	0	1	2	3	4	5	4	3	2	1	0
$\hat{I}(t)$	0	.3	2	4.3	8	12.3	17.3	20.3	23.3	24.3	25.3
(c)
| I(t) | 0 | .5 | 2 | 4.5 | 8 | 12.5 | 17 | 20.5 | 23 | 24.5 | 25 |

2-24 $P(z) = z^3 - az + b$

Jury Array:

b	-a	0	1
1	0	-a	b
b^2-1	-ab	a	

(i) $P(1) = 1-a+b > 0$
(ii) $P(-1) = -1+a+b < 0$
(iii) $|b| < 1$
(iv) $|b^2-1| > |a|$

$b > a-1$, $|b| < 1$

$\therefore\ b < 1-a$, $-b^2+1 > \begin{cases} a, & a>0 \\ -a, & a<0 \end{cases}$ ✗ ✓

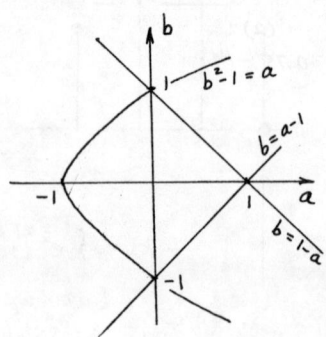

2-25 (a) $P_a(z) = z^3 + z^2 + \alpha z - 0.5$

Jury Test:

-0.5	α	1	1
1	1	α	-0.5
-0.75	$-1-\frac{\alpha}{2}$	$-\frac{1}{2}-\alpha$	

(1) $1 + 1 + \alpha - 0.5 > 0$
  $\alpha > -1.5$
(2) $-1 + 1 - \alpha - 0.5 < 0$
  $\alpha > -0.5$
(3) $0.5 < 1$ ✓
(4) $0.75 > |\alpha + 0.5| = \alpha + 0.5$
  $\alpha < 0.25$

$\therefore \underline{-0.5 < \alpha < 0.25}$.

(b) $P_b(z) = z^4 + z^3 - z^2 - z + \alpha$

α	-1	-1	1	1
1	1	-1	-1	α
α^2-1	$-\alpha-1$	$1-\alpha$	$\alpha+1$	
$\alpha+1$	$1-\alpha$	$-\alpha-1$	α^2-1	
$\alpha^4-3\alpha^2-2\alpha$	$\times$	$-\alpha^3+2\alpha^2+3\alpha$		

(1) $\alpha > 0$ ✓
(2) $\alpha > 0$ ✓
(3) $\alpha < 1$ ✓
(4) $|\alpha^2 - 1| > |\alpha + 1|$
  $1 - \alpha^2 > \alpha + 1$
  $(1-\alpha)(1+\alpha) > (1+\alpha)$
  $1 - \alpha > 1, \quad \underline{\alpha < 0}$

$\therefore$ For <u>no</u> real <u>value</u> of α is the system stable.

(c) $P_c(z) = z^3 + (2-2\alpha)z^2 + (\alpha^2 - 1.5\alpha - 0.25)z - (0.5\alpha^2 - 1.25\alpha + 0.5)$

$= z^3 + a_2 z^2 + a_1 z + a_0$

a_0	a_1	a_2	1
1	a_2	a_1	a_0
a_0^2-1	$a_0 a_1 - a_2$	$a_0 a_2 - a_1$	

(1) $1 + 2 - 2\alpha + \alpha^2 - 1.5\alpha - 0.25$
  $- 0.5\alpha^2 + 1.25\alpha - 0.5 > 0$
(2) $-1 + 2 - 2\alpha - \alpha^2 + 1.5\alpha + 0.25$
  $- 0.5\alpha^2 + 1.25\alpha - 0.5 < 0$
(3) $|0.5\alpha^2 - 1.25\alpha + 0.5| < 1$
(4) $|a_0^2 - 1| > |a_0 a_2 - a_1|$

From (1):
$2.25 + 0.5\alpha^2 - 2.25\alpha > 0$
$\therefore \underline{\alpha < 1.5}, \quad \underline{\alpha > 3}$

From (2):
$0.75 - 1.5\alpha^2 + 0.75\alpha < 0$
$\therefore \underline{\alpha < -\frac{1}{2}}, \quad \underline{\alpha > 1}$

From (3): For $\alpha < \frac{1}{2}$ or $\alpha > 2$,
$\alpha^2 - \frac{5}{2} - 1 < 0$
$\therefore \underline{-0.35 < \alpha < 0.5}$
and $\underline{2 < \alpha < 2.85}$

For $\alpha \in (\frac{1}{2}, 2)$, $\alpha^2 - \frac{5}{2}\alpha + 3 > 0$ ✓

From (4):
$|\alpha^4 - 5\alpha^3 + 8.25\alpha^2 - 5\alpha - 3| > |4\alpha^3 - 18\alpha^2 + 20\alpha - 3|$

On computing each side - found to be valid for $1 < \alpha < 1.5$

$\therefore$ System is stable for
$\underline{1 < \alpha < 1.5}$

11

2-26 Transforming:

$$z^2 Y(z) - z^2 \cdot 6 - z \cdot 24 - 9[z Y(z) - z \cdot 6] + 20 Y(z) = \frac{12z}{z-1}$$

$$\frac{Y(z)}{z} = \frac{6(z^2 - 6z + 7)}{(z-1)(z-4)(z-5)} = \frac{1}{z-1} + \frac{2}{z-4} + \frac{3}{z-5}$$

$$\therefore y(k) = 1 + 2(4)^k + 3(5)^k, \quad k \geq 0.$$

2-27 Transfer function: $H(z) = \mathcal{Z}\{h(k)\} = \frac{z}{z-a}$

$\therefore$ Ramp response: $Y(z) = \frac{z}{z-a} \cdot \frac{z}{(z-1)^2}$

$$\frac{Y(z)}{z} = \frac{z}{(z-a)(z-1)^2} = \frac{A}{z-a} + \frac{B}{(z-1)^2} + \frac{-A}{z-1}$$

$$\therefore y(k) = \frac{1}{1-a} k - \frac{a}{(a-1)^2}(1-a^k), \quad k \geq 0. \quad \begin{cases} A = \frac{a}{(a-1)^2} \\ B = \frac{1}{1-a} \end{cases}$$

2-28 Let $H(z) = \frac{b_2 z^2 + b_1 z + b_0}{z^2 + a_1 z + a_0} = \frac{Y(z)}{X(z)}$

$\therefore y(k+2) + a_1 y(k+1) + a_0 y(k) = b_2 x(k+2) + b_1 x(k+1) + b_0 x(k)$

Assuming that $x(k) = c^k$, and zero initial conditions:

$$y(k+2) + a_1 y(k+1) + a_0 y(k) = \underbrace{(b_2 c^2 + b_1 c + b_0)}_{A} c^k$$

Since the RH side is $A c^k$
and c is not a root of $z^2 + a_1 z + a_0 = 0$, we assume
that $y(k) = B c^k$, (B to be determined.). Substituting

$$B(c^2 + a_1 c + a_0) c^k = A c^k$$

$\therefore B = \frac{b_2 c^2 + b_1 c + b_0}{c^2 + a_1 c + a_0} = H(c), \quad \therefore \underline{y(k) = H(c) c^k}.$

2-29 From Problem 2-22a, the open-loop gain is

$$G(z) = \frac{T^2(z+1)}{2(z-1)^2}$$

The (closed-loop) characteristic equation is: $1 + G(z) = 0$

$$\therefore z^2 + \underbrace{(\tfrac{T^2}{2} - 2)}_{a} z + \underbrace{(\tfrac{T^2}{2} + 1)}_{b} = 0$$

3 conditions:

$1 + a + b > 0 \rightarrow T^2 > 0$ ✓ for $T \neq 0$.
$1 - a + b > 0 \rightarrow 4 > 0$ ✓
$|b| < 1 \rightarrow T^2 < 0$ ✗ $\therefore$ system is unstable for any sample rate.

2-30 Open-loop gain: $G(z) = \frac{z-1}{z} Z\left\{\frac{1}{s(s+1)(s+2)}\right\}$

$$G(z) = \frac{z-1}{z}\left[\frac{0.5\,z}{z-1} - \frac{z}{z-e^{-T}} + \frac{0.5\,z}{z-e^{-2T}}\right]$$

$$G(z) = \frac{\frac{1}{2}(1-2e^{-T}+e^{-2T})\,z + \frac{1}{2}(e^{-T}-2e^{-2T}+e^{-3T})}{(z-e^{-T})(z-e^{-2T})}$$

Characteristic equation: $1 + G(z) = 0$

$$z^2 + \underbrace{\tfrac{1}{2}(1-4e^{-T}-e^{-2T})}_{a}\,z + \underbrace{\tfrac{1}{2}(e^{-T}-2e^{-2T}+3e^{-3T})}_{b} = 0$$

$1+a+b > 0 \;\to\; 1 - e^{-T} - e^{-2T} + e^{-3T} > 0$ ✓

$1-a+b > 0 \;\to\; 1 + 5e^{-T} - e^{-2T} + 3e^{-3T} > 0$ ✓

$|b| < 1 \;\to\; |e^{-T} - 2e^{-2T} + 3e^{-3T}| < 2$ ✓

$\therefore$ <u>stable for any $T > 0$</u>.

2-31 $N(z) = D(z)\,F(z)$

$$b_3 z^3 + b_2 z^2 + b_1 z + b_0 = (z^3 + a_2 z^2 + a_1 z + a_0)(f_0 + f_1 z^{-1} + f_2 z^{-2} + f_3 z^{-3} + \cdots)$$

$$= f_0 z^3 + (f_1 + a_2 f_0) z^2 + (f_2 + a_2 f_1 + a_1 f_0)\,z$$
$$+ (f_3 + a_2 f_2 + a_1 f_1 + a_0 f_0) + (f_4 + a_2 f_3 + a_1 f_2 + a_0 f_1) z^{-1}$$
$$+ (f_5 + a_2 f_4 + a_1 f_3 + a_0 f_2) z^{-2} + \cdots$$

Since the coefficient of z^{-k} is zero on the left-hand side for $k > 0$,

$$f_{k+3} + a_2 f_{k+2} + a_1 f_{k+1} + a_0 f_k = 0, \quad k > 0$$

as can be seen from the last two coefficients generated on the right-hand side.

2-32 (a) $H_a(z) = \dfrac{z^{-1}}{1-z^{-1}}$; $MA = z^{-1}$, $AR = \dfrac{1}{1-z^{-1}}$

(b) $MA = 1 - 2z^{-1} + z^{-2}$, $(AR = 1)$

(c) $MA = 1 - z^{-4}$, $AR = 1 - z^{-1}$.

<u>Remarks</u>:
- A moving-average (MA) system is also a FIR system
- An autoregressive (AR) system is an IIR system
- A MA-system (such as $H_b(z)$) can be realized by a series of delays and "taps"; e.g. (no feedback).

$H_b(z)$: [signal-flow diagram with taps 1, z^{-1}, z^{-1}, 1 and gain -2]

CHAPTER 3

3-1 (a) $\underline{x}(k) = \left\{ \begin{bmatrix} 0 \\ 2 \end{bmatrix}, \begin{bmatrix} 3 \\ 0 \end{bmatrix}, \begin{bmatrix} -2 \\ 2 \end{bmatrix}, \begin{bmatrix} 5 \\ 0 \end{bmatrix}, \begin{bmatrix} -4 \\ 2 \end{bmatrix}, \begin{bmatrix} 7 \\ 0 \end{bmatrix}, \cdots \right\}$

(b) $\underline{x}(k) = \begin{bmatrix} 1 \\ 1 \end{bmatrix}$, $k \geq 0$.

equilibrium point $\underline{x}_e = \begin{bmatrix} 1 \\ 1 \end{bmatrix}$.

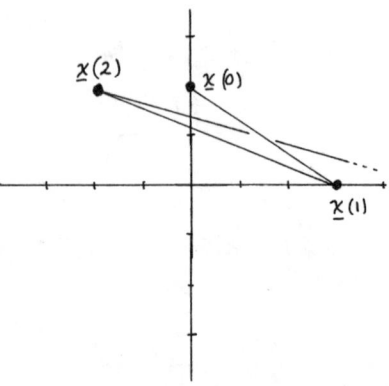

$\begin{bmatrix} 1 & 0 \\ 0 & 1 \end{bmatrix} \underline{x}_e = \begin{bmatrix} -1 & 1 \\ 0 & -1 \end{bmatrix} \underline{x}_e + \begin{bmatrix} 1 \\ 2 \end{bmatrix}$

$\underline{x}_e = \begin{bmatrix} 2 & -1 \\ 0 & 2 \end{bmatrix}^{-1} \begin{bmatrix} 1 \\ 2 \end{bmatrix} = \begin{bmatrix} 1 \\ 1 \end{bmatrix}$.

3-2 (a) $\begin{cases} 5\ddot{\theta} + 2\ddot{\phi} + 3\theta + \phi = 0 \\ 2\ddot{\theta} + \ddot{\phi} + \theta + \phi = 0 \end{cases} \to \begin{bmatrix} \ddot{\theta} \\ \ddot{\phi} \end{bmatrix} = \begin{bmatrix} 5 & 2 \\ 2 & 1 \end{bmatrix}^{-1} \begin{bmatrix} -3 & -1 \\ -1 & -1 \end{bmatrix} \begin{bmatrix} \theta \\ \phi \end{bmatrix}$

For $\underline{x} = \begin{bmatrix} \theta \\ \phi \end{bmatrix}$, $\ddot{\underline{x}} = \begin{bmatrix} -1 & 1 \\ 1 & -3 \end{bmatrix} \underline{x}$.

(b) $s^2 \underline{X}(s) = \begin{bmatrix} -1 & 1 \\ 1 & -3 \end{bmatrix} \underline{X}(s) \xrightarrow{(s=j\omega)} \begin{bmatrix} -\omega^2+1 & -1 \\ -1 & -\omega^2+3 \end{bmatrix} \underline{X} = \underline{0}$

For a non-trivial solution

$\det \begin{bmatrix} \omega^2-1 & 1 \\ 1 & \omega^2-3 \end{bmatrix} = \omega^4 - 4\omega^2 + 2 \overset{(must)}{=} 0$

$\therefore \omega^2 = 2 \pm \sqrt{2}$ (Eigenvalues)

For $\omega_1^2 = 2+\sqrt{2}$:   For $\omega_2^2 = 2-\sqrt{2}$:

$\begin{bmatrix} 1+\sqrt{2} & 1 \\ x & x \end{bmatrix} \begin{bmatrix} \theta_1 \\ \phi_1 \end{bmatrix} = \underline{0}$ $\begin{bmatrix} 1-\sqrt{2} & 1 \\ x & x \end{bmatrix} \begin{bmatrix} \theta_2 \\ \phi_2 \end{bmatrix} = \underline{0}$

$\therefore \phi_1 = -(1+\sqrt{2})\theta_1 \approx -2.41\,\theta_1$ $\phi_2 = (\sqrt{2}-1)\theta_2 \approx 0.41\,\theta_2$

These are the modes of steady vibration as shown below:

Higher mode: $\omega_1 = 1.85 \frac{\text{rad.}}{\text{sec.}}$ Lower mode: $\omega_2 = 0.77 \frac{\text{rad.}}{\text{sec.}}$

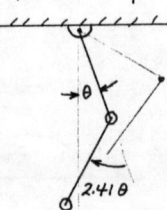
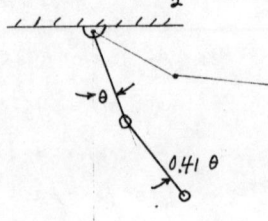

3-3 (a) $\begin{cases} \dot{W_1} = P - q_{12} - q_{10} \\ \dot{W_2} = q_{12} - q_{20} \end{cases} \rightarrow \begin{cases} 2\dot{T_1} = -6(T_1-T_2) - 2(T_1-T_0) + P(t) \\ 6\dot{T_2} = 6(T_1-T_2) - 6(T_2-T_0) \end{cases}$

$\therefore \begin{cases} \dot{T_1} = -4T_1 + 3T_2 + T_0 + \frac{1}{2}P(t) \\ \dot{T_2} = T_1 - 2T_2 + T_0 \end{cases} \rightarrow \underline{\dot{T}} = \begin{bmatrix} -4 & 3 \\ 1 & -2 \end{bmatrix}\underline{T} + \begin{bmatrix} 1 & \frac{1}{2} \\ 1 & 0 \end{bmatrix}\begin{bmatrix} T_0 \\ P \end{bmatrix}$

(b) Steady-state $(\underline{\dot{T}} = \underline{0})$: $T_{2s} = T_0 + 40 = (T_2\text{-steady state})$

$\begin{cases} 0 = -4T_{1s} + 3(T_0+40) + T_0 + \frac{1}{2}P_s \\ 0 = T_{1s} - 2(T_0+40) + T_0 \end{cases}$

From the second equation, $\underline{T_{1s} = T_0 + 80}$

$\therefore 0 = -4T_0 - 320 + 3T_0 + 120 + T_0 + \frac{1}{2}P_s \rightarrow \underline{P_s = 400 \text{ Watts}}$

(c) $\begin{cases} \dot{x_1} = -4x_1 + 3x_2 + \frac{1}{2}u(t) \\ \dot{x_2} = x_1 - 2x_2 \end{cases} \rightarrow \underline{\dot{x}} = \begin{bmatrix} -4 & 3 \\ 1 & -2 \end{bmatrix}\underline{x} + \begin{bmatrix} \frac{1}{2} \\ 0 \end{bmatrix}u$

3-4   From Newton's laws: $M\ddot{x}(t) + Kx(t) = f(t)$

(a) Using phase variables with $\begin{cases} M=1 \\ K=4 \end{cases}$ $\begin{cases} \frac{d}{dt}\begin{bmatrix} x \\ \dot{x} \end{bmatrix} = \begin{bmatrix} 0 & 1 \\ -4 & 0 \end{bmatrix}\begin{bmatrix} x \\ \dot{x} \end{bmatrix} + \begin{bmatrix} 0 \\ 1 \end{bmatrix}f \\ x = \begin{bmatrix} 1 & 0 \end{bmatrix}\begin{bmatrix} x \\ \dot{x} \end{bmatrix} \end{cases}$

(b) $\Phi(t) = \mathcal{L}^{-1}[sI-A]^{-1}$

$\Phi(t) = \mathcal{L}^{-1}\begin{bmatrix} s & -1 \\ 4 & s \end{bmatrix}^{-1} = \mathcal{L}^{-1}\frac{\begin{bmatrix} s & 1 \\ -4 & s \end{bmatrix}}{s^2+4} = \begin{bmatrix} \cos 2t & \frac{1}{2}\sin 2t \\ -2\sin 2t & \cos 2t \end{bmatrix}$

$\Gamma(t) = \mathcal{L}^{-1}\left\{\frac{1}{s}\begin{bmatrix} s & -1 \\ 4 & s \end{bmatrix}^{-1}\begin{bmatrix} 0 \\ 1 \end{bmatrix}\right\} = \mathcal{L}^{-1}\frac{\begin{bmatrix} 1 \\ s \end{bmatrix}}{s(s^2+4)} = \begin{bmatrix} \frac{1}{4}(1-\cos 2t) \\ \frac{1}{2}\sin 2t \end{bmatrix}$

$\therefore$ For $f(t) = f(kT)$, $kT \le t < kT+T$; $k = 0,1,2,\cdots$:

$\begin{bmatrix} x(kT+T) \\ \dot{x}(kT+T) \end{bmatrix} = \begin{bmatrix} \cos 2T & \frac{1}{2}\sin 2T \\ -2\sin 2T & \cos 2T \end{bmatrix}\begin{bmatrix} x(kT) \\ \dot{x}(kT) \end{bmatrix} + \begin{bmatrix} \frac{1}{4}(1-\cos 2T) \\ \frac{1}{2}\sin 2T \end{bmatrix}f(kT)$

3-5 From the system equations we can draw the SFG:

$u \circ \xrightarrow{} K_a \xrightarrow{v_a} 1 \xrightarrow{} \xrightarrow{\frac{1}{R_a}} \xrightarrow{i_a} K_m \xrightarrow{T} \xrightarrow{\frac{1}{Js+B}} \xrightarrow{x_2 = \dot{\theta}} \xrightarrow{\frac{1}{s}} \xrightarrow{x_1} \circ \theta = y$

with feedback -1, v_b, K_b

Using as state variables, $x_1 = \theta$ and $x_2 = \dot{\theta}$, we arrive at the following state model:

15

$$\begin{cases} \underline{\dot{x}} = \begin{bmatrix} 0 & 1 \\ 0 & -\left(\frac{B}{J} + \frac{K_b K_m}{R_a J}\right) \end{bmatrix} \underline{x} + \begin{bmatrix} 0 \\ \frac{K_a K_m}{R_a J} \end{bmatrix} u \\ y = \begin{bmatrix} 1 & 0 \end{bmatrix} \underline{x} \end{cases}$$

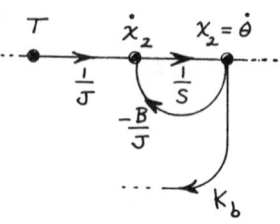

Note: It is helpful to modify the previous diagram with the segment shown at the right.

3-6 With $\underline{x} = \begin{bmatrix} y \\ \dot{y} \end{bmatrix}$, $\begin{cases} \underline{\dot{x}}(t) = \begin{bmatrix} 0 & 1 \\ 0 & 0 \end{bmatrix} \underline{x}(t) + \begin{bmatrix} 0 \\ 1 \end{bmatrix} u(t) \\ y(t) = \begin{bmatrix} 1 & 0 \end{bmatrix} \underline{x}(t) \end{cases}$

General solution:
$$\underline{x}(t) = \Phi(t)\,\underline{x}(0) + \int_0^t \Phi(t-\tau)\,B\,u(\tau)\,d\tau$$

(a) $\Phi(t) = \mathcal{L}^{-1}\begin{bmatrix} s & -1 \\ 0 & s \end{bmatrix}^{-1} = \begin{bmatrix} 1 & t \\ 0 & 1 \end{bmatrix}$, $\Gamma(t) = \mathcal{L}^{-1}\begin{bmatrix} \frac{1}{s} \\ \frac{1}{s^3} \end{bmatrix} = \begin{bmatrix} \frac{t^2}{2} \\ t \end{bmatrix}$.

For $u(t) = 1$, $t \geq 0$; $\underline{x}(0) = \underline{0}$,

$$y(t) = \int_0^t \begin{bmatrix} 1 & 0 \end{bmatrix} \begin{bmatrix} 1 & (t-\tau) \\ 0 & 1 \end{bmatrix} \begin{bmatrix} 0 \\ 1 \end{bmatrix} d\tau = \int_0^t (t-\tau)\,d\tau = \frac{t^2}{2}, \quad t \geq 0.$$

(b) $\underline{x}(t) = \begin{bmatrix} 1 & t \\ 0 & 1 \end{bmatrix} \begin{bmatrix} 0 \\ -1 \end{bmatrix} + \int_0^t \begin{bmatrix} 1 & t-\tau \\ 0 & 1 \end{bmatrix} \begin{bmatrix} 0 \\ 1 \end{bmatrix} d\tau = \begin{bmatrix} (\frac{t^2}{2} - t) \\ (t-1) \end{bmatrix}$

$\therefore y(t) = \frac{t^2}{2} - t$, $t \geq 0$.

Note: With a ZOH model you can obtain the exact samples of the solution since $u(t)$ is "piecewise constant."

3-7 For $G(s) = \dfrac{1}{s(s+2)}$, $\begin{cases} \underline{\dot{x}}(t) = \begin{bmatrix} 0 & 1 \\ 0 & -2 \end{bmatrix} \underline{x}(t) + \begin{bmatrix} 0 \\ 2 \end{bmatrix} u(t) \\ y(t) = \begin{bmatrix} 1 & 0 \end{bmatrix} \underline{x}(t) \end{cases}$

where $\underline{x}(t) = [\,y(t)\ \ \dot{y}(t)\,]^T$.

$$\Phi(t) = \mathcal{L}^{-1}\begin{bmatrix} s & -1 \\ 0 & s+2 \end{bmatrix}^{-1} = \mathcal{L}^{-1}\begin{bmatrix} s+2 & 1 \\ 0 & s \end{bmatrix} \Big/ s(s+2) = \begin{bmatrix} 1 & \frac{1}{2}(1-e^{-2t}) \\ 0 & e^{-2t} \end{bmatrix}$$

(a) $y(t) = \int_0^t (1 - e^{-2(t-\tau)})\,d\tau = \int_0^t (1 - e^{-2\lambda})\,d\lambda = t + \frac{1}{2}(1 - e^{-2t})$ for $t \geq 0$.

$\begin{cases} \lambda = t-\tau \\ d\lambda = -d\tau \end{cases}$

(b) $y(t) = \underbrace{-\frac{1}{2}(1-e^{-2t})}_{\text{Zero-input response}} + \underbrace{t + \frac{1}{2}(1-e^{-2t})}_{\substack{\text{Zero-state response}\\ \text{(calculated in part (a))}}} = t, \quad t \geq 0.$

3-8 (a) From the calculations given in **3-6**

$$\begin{cases} \underline{x}(k+1) = \begin{bmatrix} 1 & T \\ 0 & 1 \end{bmatrix} \underline{x}(k) + \begin{bmatrix} T^2/2 \\ T \end{bmatrix} u(k) \\ y(k) = \begin{bmatrix} 1 & 0 \end{bmatrix} \underline{x}(k) \end{cases}$$

$G(z) = \dfrac{Y(z)}{U(z)} = C(zI-A)^{-1}B = \begin{bmatrix} 1 & 0 \end{bmatrix} \begin{bmatrix} z-1 & -T \\ 0 & z-1 \end{bmatrix}^{-1} \begin{bmatrix} T^2/2 \\ T \end{bmatrix} = \dfrac{\frac{T^2}{2}(z+1)}{(z-1)^2}$

(b) From **3-7**, $\Phi(t) = \begin{bmatrix} 1 & (1-e^{-2t})/2 \\ 0 & e^{-2t} \end{bmatrix}$, $A = \Phi(T)$.

$\therefore \Gamma(T) = \int_0^T \Phi(t) \begin{bmatrix} 0 \\ 2 \end{bmatrix} dt = \begin{bmatrix} [T-\frac{1}{2}(1-e^{-2T})] \\ (1-e^{-2T}) \end{bmatrix} = B$.

$G(z) = C(zI-A)^{-1}B = \dfrac{az+b}{z^2 - (1+e^{-2T})z + e^{-2T}}$,

where $a = [T-\frac{1}{2}(1-e^{-2T})]$

and $b = [\frac{1}{2}(1-e^{-2T}) - Te^{-2T}]$.

The results of this problem can be checked using the method of section 2-4.2.

3-9 (a) $(sI-A)^{-1} = \begin{bmatrix} s & -1 \\ 2 & s+3 \end{bmatrix}^{-1} = \dfrac{\begin{bmatrix} s+3 & 1 \\ -2 & s \end{bmatrix}}{(s+1)(s+2)}$

$\therefore \Phi(t) = \begin{bmatrix} (2e^{-t}-e^{-2t}) & (e^{-t}-e^{-2t}) \\ (-2e^{-t}+2e^{-2t}) & (-e^{-t}+2e^{-2t}) \end{bmatrix}$

$\Gamma(t) = \int_0^T \Phi(t) \begin{bmatrix} 0 \\ 1 \end{bmatrix} dt = \begin{bmatrix} (\frac{1}{2}(1-e^{-2t}) - e^{-t}) \\ (e^{-t} - e^{-2t}) \end{bmatrix}$

$\therefore$ ZOH Discrete-time model is:

$$\begin{cases} \underline{x}(k+1) = \begin{bmatrix} (2e^{-T}-e^{-2T}) & (e^{-T}-e^{-2T}) \\ (-2e^{-T}+2e^{-2T}) & (-e^{-T}+2e^{-2T}) \end{bmatrix} \underline{x}(k) + \begin{bmatrix} \frac{1-e^{-2T}}{2} - e^{-T} \\ (e^{-T}-e^{-2T}) \end{bmatrix} u(k) \\ y(k) = \begin{bmatrix} 1 & 0 \end{bmatrix} \underline{x}(k) \end{cases}$$

For unity feedback, $u(k) = r(k) - y(k)$,

(b) $\underline{x}(k+1) = \begin{bmatrix} a & b \\ c & d \end{bmatrix} \underline{x}(k) + \begin{bmatrix} e \\ f \end{bmatrix} u(k)$, $u(k) = r(k) - x_1(k)$

$\therefore \underline{x}(k+1) = \begin{bmatrix} a-e & b \\ c-f & d \end{bmatrix} \underline{x}(k) + \begin{bmatrix} e \\ f \end{bmatrix} r(k)$

or

$$\begin{cases} \underline{x}(k+1) = \begin{bmatrix} 3e^{-T} - \frac{1}{2}(1+e^{-2T}), & e^{-T} - e^{-2T} \\ -3e^{-T} + 3e^{-2T}, & -e^{-T} + 2e^{-2T} \end{bmatrix} \underline{x}(k) + \begin{bmatrix} \frac{1}{2}(1 - 2e^{-T} - e^{-2T}) \\ e^{-T} - e^{-2T} \end{bmatrix} r(k) \\ y(k) = \begin{bmatrix} 1 & 0 \end{bmatrix} \underline{x}(k) \end{cases}$$

3-10 From **3-7**, $\underline{x}(0) = \underline{0}$

$\underline{x}(t) = \int_0^t \begin{bmatrix} 1 - e^{-2\lambda} \\ 2e^{-2\lambda} \end{bmatrix} d\lambda = \begin{bmatrix} t + \frac{1}{2}(1 - e^{-2t}) \\ 1 - e^{-2t} \end{bmatrix}$ for $0 \le t \le 0.5$

$\underline{x}(0.5) = \begin{bmatrix} 0.816 & 0.632 \end{bmatrix}^T$

$\therefore y(t) = t + \frac{1}{2}(1 - e^{-2t})$, $0 \le t \le 0.5$

and

$y(t') = \begin{bmatrix} 1 & 0 \end{bmatrix} \begin{bmatrix} 1 & \frac{1}{2}(1 - e^{-2t'}) \\ x & x \end{bmatrix} \begin{bmatrix} 0.816 \\ 0.632 \end{bmatrix} = 0.816 + 0.316[1 - e^{-2t'}]$ for $t' \ge 0$

$(t' = t - 0.5)$

or $y(t) = 1.132 - 0.859 e^{-2t}$, $0.5 \le t$.

3-11 (a) $\begin{cases} \underline{\dot{x}}(t) = \begin{bmatrix} 0 & 1 \\ 0 & 0 \end{bmatrix} \underline{x}(t) + \begin{bmatrix} 0 \\ 1 \end{bmatrix} u(t) \\ y(t) = \begin{bmatrix} 1 & 0 \end{bmatrix} \underline{x}(t) \end{cases}$

(b) $\begin{cases} \underline{x}(k+1) = \begin{bmatrix} 1 & T \\ 0 & 1 \end{bmatrix} \underline{x}(k) + \begin{bmatrix} T^2/2 \\ T \end{bmatrix} u(k) \\ y(k) = \begin{bmatrix} 1 & 0 \end{bmatrix} \underline{x}(k) \end{cases}$

(c) $u(k) = 1$, $k \ge 0$; $\underline{x}(0) = \underline{0}$:

$\begin{cases} k = 0, & 1, & 2, & 3, & 4, & \cdots \\ \underline{x} = \begin{bmatrix} 0 \\ 0 \end{bmatrix}, \begin{bmatrix} T^2/2 \\ T \end{bmatrix}, \begin{bmatrix} 2T^2 \\ 2T \end{bmatrix}, \begin{bmatrix} 9T^2/2 \\ 3T \end{bmatrix}, \begin{bmatrix} 8T^2 \\ 4T \end{bmatrix}, \cdots \end{cases}$

3-12 From **3-11**, $u(k) = \begin{cases} 1, & k=0 \\ 0, & k \neq 0 \end{cases}$; $\underline{x}(0) = \underline{0}$:

$$h(k) = \left\{ 0, \frac{T^2}{2}, \frac{3T^2}{2}, \frac{5T^2}{2}, \frac{7T^2}{2}, \ldots, \frac{(2k+1)T^2}{2}, \ldots \right\}.$$

which was obtained as the first component of the state vector sequence.

3-13 For $\underline{x}(0) = \underline{0}$, $u(k) = \delta(k)$:

(a)
$$k = 0, 1, 2, 3, 4, 5, \ldots$$

$$\underline{x} = \begin{bmatrix} 0 \\ 0 \end{bmatrix}, \begin{bmatrix} 1 \\ 1 \end{bmatrix}, \begin{bmatrix} 1 \\ 2 \end{bmatrix}, \begin{bmatrix} 1 \\ 4 \end{bmatrix}, \begin{bmatrix} 1 \\ 8 \end{bmatrix}, \begin{bmatrix} 1 \\ 16 \end{bmatrix}, \ldots$$

$$y = h = \{1, 5, 8, 14, 26, 50, \ldots\}$$

(b) $y(k)_{\text{step response}} = \{1, 6, 14, 28, 54, 104, \ldots\}$

(c) $k = 0, 1, 2, 3, 4, 5, \ldots$

$$\underline{x} = \begin{bmatrix} 0 \\ 0 \end{bmatrix}, \begin{bmatrix} 1 \\ 1 \end{bmatrix}, \begin{bmatrix} 2 \\ 3 \end{bmatrix}, \begin{bmatrix} 3 \\ 7 \end{bmatrix}, \begin{bmatrix} 4 \\ 15 \end{bmatrix}, \begin{bmatrix} 5 \\ 31 \end{bmatrix}, \ldots$$

$$y_{\text{step resp.}} = \{1, 6, 14, 28, 54, 104, \ldots\} \quad \checkmark$$

3-14 Since $u(t)$ is piecewise constant, we may use a ZOH equivalent model with $T = 0.1$ second.

$$\Phi(t) = \begin{bmatrix} 1 & 0 & 0 \\ 0 & e^t & 0 \\ 0 & 0 & e^{2t} \end{bmatrix}, \quad \Gamma(T) = \int_0^T \begin{bmatrix} 1 \\ e^t \\ e^{2t} \end{bmatrix} dt = \begin{bmatrix} T \\ e^T - 1 \\ \frac{e^{2T}-1}{2} \end{bmatrix}$$

Thus,

$$\begin{cases} \underline{x}(k+1) = \begin{bmatrix} 1 & 0 & 0 \\ 0 & 1.105 & 0 \\ 0 & 0 & 1.221 \end{bmatrix} \underline{x}(k) + \begin{bmatrix} 0.1 \\ 0.105 \\ 0.111 \end{bmatrix} u(k) \\ y(k) = \begin{bmatrix} -1 & -2 & 3 \end{bmatrix} \underline{x}(k) \end{cases}$$

3-15 For the open-loop continuous-time system:

(a) $\begin{cases} \dot{x} = -2x + u \\ c = x \end{cases}$ $\xrightarrow{\text{ZOH model}}$ $\begin{cases} x(k+1) = e^{-2T} x(k) + \frac{1-e^{-2T}}{2} u(k) \\ c(k) = x(k) \end{cases}$

For $T = 0.1$ sec. $\downarrow$ closed-loop
(Closed-loop) $u(k) = r(k) - x(k)$
$x(k+1) =$
$\begin{cases} x(k+1) = 0.728 \, x(k) + 0.091 \, r(k). \\ c(k) = x(k) \end{cases}$ $x(k+1) = \frac{3e^{-2T}-1}{2} x(k) + \frac{1-e^{-2T}}{2} r(k)$

Unit-step response: $r(k) = 1(k)$, $x(0) = 0$:

$$c(k) = \{0, 0.091, 0.157, 0.205, 0.240, \cdots\}$$

(b) Since $u(k) = r(k) - c(k) = 1 - c(k)$

$u(k) = \{1, 0.909, 0.843, \cdots\}$
   $\quad t=0, \; t=0.1, \; t=0.2$

From the continuous-time state model:

$$x(t) = c(t) = e^{-2t} x(0) + \int_0^t e^{-2(t-\tau)} u(\tau) d\tau$$

For $0 \le t \le 0.1$:

$$c(t) = \int_0^t e^{-2\lambda} d\lambda = \frac{1}{2}(1 - e^{-2t}), \quad c(0.1) = 0.091$$

For $0 \le t' \le 0.1$, $(t' = t - 0.1)$:

$$c(t') = e^{-2t'}(0.091) + \int_0^{t'} e^{-2\lambda}(0.909) d\lambda$$

$$c(t') = 0.091 \, e^{-2t'} + \frac{0.909}{2}(1 - e^{-2t'})$$

or

$$c(t) = 0.455 - 0.444 \, e^{-2t} \quad , \quad c(0.2) = 0.157$$
for $0.1 \le t \le 0.2$

For $0 \le t'' \le 0.1$, $(t'' = t - 0.2)$:

$$c(t'') = e^{-2t''}(0.157) + (0.843)\frac{1}{2}(1 - e^{-2t''})$$

or

$$c(t) = 0.423 - 0.397 \, e^{-2t}$$
for $0.2 \le t \le 0.3$

$\therefore \; c(t) = \begin{cases} 0.5 - 0.5 \, e^{-2t}, & 0 \le t \le 0.1 \\ 0.455 - 0.444 \, e^{-2t}, & 0.1 \le t \le 0.2 \\ 0.423 - 0.397 \, e^{-2t}, & 0.2 \le t \le 0.3 \end{cases}$

3-16 (a)
$$x_1(k+1) = x_2(k)$$
$$x_2(k+1) = -4x_1(k) - x_2(k) + u_1(k)$$
$$x_3(k+1) = x_4(k)$$
$$x_4(k+1) = 2x_4(k) + 2u_2(k)$$
$$y_1(k) = 5x_1(k) + 2x_4(k) + 2u_2(k)$$
$$y_2(k) = x_3(k) + u_1(k)$$

$$\begin{cases} \underline{x}(k+1) = \begin{bmatrix} 0 & 1 & 0 & 0 \\ -4 & -1 & 0 & 0 \\ 0 & 0 & 0 & 1 \\ 0 & 0 & 0 & 2 \end{bmatrix} \underline{x}(k) + \begin{bmatrix} 0 & 0 \\ 1 & 0 \\ 0 & 0 \\ 0 & 2 \end{bmatrix} \underline{u}(k) \\ \underline{y}(k) = \begin{bmatrix} 5 & 0 & 0 & 2 \\ 0 & 0 & 1 & 0 \end{bmatrix} \underline{x}(k) + \begin{bmatrix} 0 & 2 \\ 1 & 0 \end{bmatrix} \underline{u}(k) \end{cases}$$

(b) $H(z) = C(zI-A)^{-1}B + D$
Working with 2×2 partitioned matrices

$$H(z) = [C_1 \ C_2] \begin{bmatrix} A_1 & 0 \\ 0 & A_2 \end{bmatrix} \begin{bmatrix} B_1 \\ B_2 \end{bmatrix} + D$$

where $A_1 = \dfrac{\begin{bmatrix} z+1 & 1 \\ -4 & z \end{bmatrix}}{z^2+z+4}$, $A_2 = \dfrac{\begin{bmatrix} z-2 & 1 \\ 0 & z \end{bmatrix}}{z^2-2z}$

$H(z) = C_1 A_1 B_1 + C_2 A_2 B_2 + D$

$$H(z) = \dfrac{\begin{bmatrix} 5 & 0 \\ 0 & 0 \end{bmatrix}}{z^2+z+4} + \dfrac{\begin{bmatrix} 0 & 4z \\ 0 & 2 \end{bmatrix}}{z^2-2z} + \begin{bmatrix} 0 & 2 \\ 1 & 0 \end{bmatrix}$$

$$H(z) = \begin{bmatrix} \dfrac{5}{z^2+z+4} & \dfrac{2z}{z-2} \\ 1 & \dfrac{2}{z(z-2)} \end{bmatrix}$$

<u>Note</u>: It is also possible to use the gain formula directly on the SFG (four times) with appropriate input set to zero.

3-17

$$G(s) = \frac{4s+2}{s(s+1)(s+2)} = \frac{4s+2}{s^3+3s^2+2s} = \frac{1}{s} + \frac{2}{s+1} + \frac{3}{s+2}$$

(a) Controllable form:

$$\begin{cases} \dot{x}_c = \begin{bmatrix} 0 & 1 & 0 \\ 0 & 0 & 1 \\ 0 & -2 & -3 \end{bmatrix} x_c + \begin{bmatrix} 0 \\ 0 \\ 1 \end{bmatrix} u \\ y = \begin{bmatrix} 2 & 4 & 0 \end{bmatrix} x_c \end{cases}$$

Observable form:

$$\begin{cases} \dot{x}_o = \begin{bmatrix} 0 & 0 & 0 \\ 1 & 0 & -2 \\ 0 & 1 & -3 \end{bmatrix} x_o + \begin{bmatrix} 2 \\ 4 \\ 0 \end{bmatrix} u \\ y = \begin{bmatrix} 0 & 0 & 1 \end{bmatrix} x_o \end{cases}$$

Jordan form:

$$\begin{cases} \dot{x}_J = \begin{bmatrix} 0 & 0 & 0 \\ 0 & -1 & 0 \\ 0 & 0 & -2 \end{bmatrix} x_J + \begin{bmatrix} 1 \\ 1 \\ 1 \end{bmatrix} u \\ y = \begin{bmatrix} 1 & 2 & 3 \end{bmatrix} x_J \end{cases}$$

(b) (The Jordan is the easiest to work with.)
ZOH equivalent model:

$$\begin{cases} x_J(k+1) = \begin{bmatrix} 1 & 0 & 0 \\ 0 & e^{-T} & 0 \\ 0 & 0 & e^{-2T} \end{bmatrix} x_J(k) + \begin{bmatrix} T \\ 1-e^{-T} \\ \frac{1}{2}(1-e^{-2T}) \end{bmatrix} u(k) \\ y(k) = \begin{bmatrix} 1 & 2 & 3 \end{bmatrix} x_J(k) \end{cases}$$

3-18

First the ZOH model for the plant:

$$\begin{cases} \dot{x} = \begin{bmatrix} 0 & 1 \\ 0 & 0 \end{bmatrix} x + \begin{bmatrix} 0 \\ 1 \end{bmatrix} u \\ y = \begin{bmatrix} 200 & 40 \end{bmatrix} x \end{cases} \xrightarrow{(T=0.1)} \begin{cases} x(k+1) = \begin{bmatrix} 1 & 0.1 \\ 0 & 1 \end{bmatrix} x(k) + \begin{bmatrix} 0.005 \\ 0.1 \end{bmatrix} u(k) \\ y(k) = \begin{bmatrix} 200 & 40 \end{bmatrix} x(k) \end{cases}$$

(See the calculations of 3-11(b).)

From the ZOH model and Fig. P3-18 we can construct the following SFG:

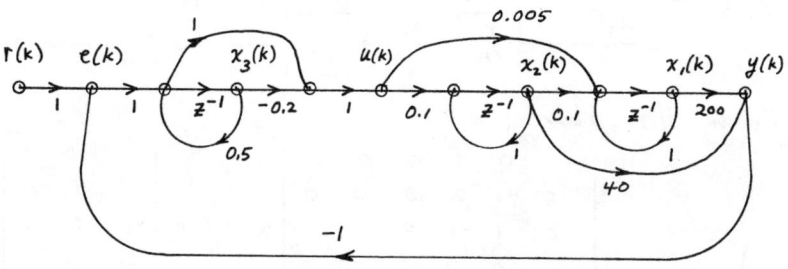

With the state variables as indicated above,

Intermediate Variables: $\begin{cases} e(k) = r(k) - 200\, x_1(k) - 40\, x_2(k) \\ u(k) = 0.3\, x_3(k) + e(k) \end{cases}$

$$\begin{cases} x_1(k+1) = x_1(k) + 0.1\, x_2(k) + 0.005\, u(k) \\ x_2(k+1) = x_2(k) + 0.1\, u(k) \\ x_3(k+1) = 0.5\, x_3(k) + e(k) \end{cases}$$

$$\therefore \begin{cases} \underline{x}(k+1) = \begin{bmatrix} 0 & -0.1 & 0.0015 \\ -20 & -3 & 0.03 \\ -200 & -40 & 0.5 \end{bmatrix} \underline{x}(k) + \begin{bmatrix} 0.005 \\ 0.1 \\ 1 \end{bmatrix} r(k) \\ y(k) = \begin{bmatrix} 200 & 40 & 0 \end{bmatrix} \underline{x}(k) \end{cases}$$

3-19

$$H(z) = \underbrace{\frac{1}{z+1}\begin{bmatrix} 1 & -10 & 0 \\ 0 & 1 & 0 \end{bmatrix}}_{(\text{rank } 2)} + \underbrace{\frac{1}{(z+1)^2}\begin{bmatrix} 0 & 0 & 0 \\ 0 & 2 & 0 \end{bmatrix}}_{(\text{rank } 1)} + \underbrace{\frac{1}{z+2}\begin{bmatrix} -1 & 0 & 3 \\ -8 & 0 & -5/2 \end{bmatrix}}_{(\text{rank } 2)}$$

$$H(z) = \begin{bmatrix} 1 \\ 0 \end{bmatrix}\frac{[1\ -10\ 0]}{z+1} + \begin{bmatrix} 0 \\ 1 \end{bmatrix}\frac{[0\ 1\ 0]}{z+1} + \begin{bmatrix} 0 \\ 1 \end{bmatrix}\frac{[0\ 2\ 0]}{(z+1)^2} + \frac{1}{z}\begin{bmatrix} 0 & 0 & 0 \\ 0 & 0 & 5/2 \end{bmatrix}$$

$$+ \begin{bmatrix} 1 \\ 0 \end{bmatrix}\frac{[-1\ 0\ 3]}{z+2} + \begin{bmatrix} 0 \\ 1 \end{bmatrix}\frac{[-8\ 0\ -5/2]}{z+2} + \begin{bmatrix} 0 \\ 1 \end{bmatrix}\frac{[0\ 0\ 5/2]}{z}$$

Each term represents the contribution from one state variable. For instance:

$u_1 \circ\!\!\to$ $(u_1 - 10 u_2) \to \boxed{\frac{1}{z+1}} \to x_1 \to$ $y_1 = x_1 + \cdots$

$u_2 \circ\!\!\to$ $u_2 \to \boxed{\frac{1}{z+1}} \to x_2 \to$ $y_2 = x_2 + \cdots$

$u_3 \circ\!\!\to$

...

Since the $\frac{1}{(z+1)^2}$ term can be combined with the second term, only one additional $\frac{1}{z+1}$ block is needed:

$$u_2 \longrightarrow \boxed{\frac{1}{z+1}} \xrightarrow{x_2} \boxed{\frac{1}{z+1}} \xrightarrow{x_3} \boxed{2} \longrightarrow y_2$$

From $H(z)$ above:

$$\begin{cases} \underline{x}(k+1) = \begin{bmatrix} -1 & 0 & 0 & 0 & 0 & 0 \\ 0 & -1 & 0 & 0 & 0 & 0 \\ 0 & 1 & -1 & 0 & 0 & 0 \\ 0 & 0 & 0 & -2 & 0 & 0 \\ 0 & 0 & 0 & 0 & -2 & 0 \\ 0 & 0 & 0 & 0 & 0 & 0 \end{bmatrix} \underline{x}(k) + \begin{bmatrix} 1 & -10 & 0 \\ 0 & 1 & 0 \\ 0 & 0 & 0 \\ -1 & 0 & 3 \\ -8 & 0 & -5/2 \\ 0 & 0 & 5/2 \end{bmatrix} \underline{u}(k) \\ \underline{y}(k) = \begin{bmatrix} 1 & 0 & 0 & 1 & 0 & 0 \\ 0 & 1 & 2 & 0 & 1 & 1 \end{bmatrix} \underline{x}(k). \end{cases}$$

3-20 (a) $G(z) = C(zI - A)^{-1} B$

$$G(z) = \begin{bmatrix} 1 & 0 \end{bmatrix} \begin{bmatrix} z-1 & -0.5 \\ -0.2 & z-1 \end{bmatrix}^{-1} \begin{bmatrix} 1.2 \\ 0.5 \end{bmatrix} = \frac{1.2z - 0.95}{z^2 - 2z + 0.9}.$$

(b) $\begin{cases} \underline{v}(k+1) = P^{-1}AP\,\underline{v}(k) + P^{-1}B\,u(k) \\ y(k) = CP\,\underline{v}(k) \end{cases}$, $P = \begin{bmatrix} 1 & -1 \\ 1 & 1 \end{bmatrix}$

Since $P^{-1} = \frac{1}{2}\begin{bmatrix} 1 & 1 \\ -1 & 1 \end{bmatrix}$, we calculate that

$$\begin{cases} \underline{v}(k+1) = \begin{bmatrix} 1.35 & 0.15 \\ -0.15 & 0.65 \end{bmatrix} \underline{v}(k) + \begin{bmatrix} 0.85 \\ -0.35 \end{bmatrix} u(k) \\ y(k) = \begin{bmatrix} 1 & -1 \end{bmatrix} \underline{v}(k). \end{cases}$$

(c)
$$G(z) = \begin{bmatrix} 1 & -1 \end{bmatrix} \begin{bmatrix} z-1.35 & -0.15 \\ 0.15 & z-0.65 \end{bmatrix}^{-1} \begin{bmatrix} 0.85 \\ -0.35 \end{bmatrix}$$

$$G(z) = \begin{bmatrix} 1 & -1 \end{bmatrix} \begin{bmatrix} z-0.65 & 0.15 \\ -0.15 & z-1.35 \end{bmatrix} \begin{bmatrix} 0.85 \\ -0.35 \end{bmatrix} \frac{1}{z^2 - 2z + 0.9}$$

$$G(z) = \frac{\begin{bmatrix} z-0.5 & -z+1.50 \end{bmatrix} \begin{bmatrix} 0.85 \\ -0.35 \end{bmatrix}}{z^2 - 2z + 0.9} = \frac{1.2z - 0.95}{z^2 - 2z + 0.9}$$

— which checks part (a).

3-21 (a) (See section 3-9.4) $A = \begin{bmatrix} 0 & 1 \\ 0 & -2 \end{bmatrix}$:

$R_1 = I = \begin{bmatrix} 1 & 0 \\ 0 & 1 \end{bmatrix}$, $\alpha_1 = \text{Tr}(A) = -2$

$R_2 = IA - \alpha_1 I = \begin{bmatrix} 0 & 1 \\ 0 & -2 \end{bmatrix} + \begin{bmatrix} 2 & 0 \\ 0 & 2 \end{bmatrix} = \begin{bmatrix} 2 & 1 \\ 0 & 0 \end{bmatrix}$

$R_2 A = \begin{bmatrix} 0 & 0 \\ 0 & 0 \end{bmatrix}$, $\alpha_2 = \frac{1}{2}\text{Tr}(R_2 A) = 0$.

$\therefore (sI-A)^{-1} = \dfrac{\begin{bmatrix} 1 & 0 \\ 0 & 1 \end{bmatrix} s + \begin{bmatrix} 2 & 1 \\ 0 & 0 \end{bmatrix}}{s^2 + 2s + 0} = \dfrac{R_1 s + R_2}{s^2 - \alpha_1 s - \alpha_2}$

Check:

$(sI-A)^{-1} = \begin{bmatrix} s & -1 \\ 0 & s+2 \end{bmatrix}^{-1} = \dfrac{\begin{bmatrix} s+2 & 1 \\ 0 & s \end{bmatrix}}{s^2 + 2s} = \dfrac{\begin{bmatrix} 1 & 0 \\ 0 & 1 \end{bmatrix} s + \begin{bmatrix} 2 & 1 \\ 0 & 0 \end{bmatrix}}{s^2 + 2s + 0}$ ✓

(b) $A = \begin{bmatrix} -1 & 0 \\ 0 & -2 \end{bmatrix}$

$R_1 = I$, $\alpha_1 = -3$, $R_2 = A + 3I = \begin{bmatrix} 2 & 0 \\ 0 & 1 \end{bmatrix}$

$R_2 A = \begin{bmatrix} -2 & 0 \\ 0 & -2 \end{bmatrix}$, $\alpha_2 = -2$.

$\therefore (sI-A)^{-1} = \dfrac{\begin{bmatrix} 1 & 0 \\ 0 & 1 \end{bmatrix} s + \begin{bmatrix} 2 & 0 \\ 0 & 1 \end{bmatrix}}{s^2 + 3s + 2} \overset{\text{by inspection}}{=} \begin{bmatrix} s+2 & 0 \\ 0 & s+1 \end{bmatrix} \Big/ (s^2 + 3s + 2)$ ✓

(c)

$(sI-A)^{-1} = \dfrac{\begin{bmatrix} 1 & 0 & 0 \\ 0 & 1 & 0 \\ 0 & 0 & 1 \end{bmatrix} s^2 + \begin{bmatrix} 8 & 1 & 0 \\ 0 & 8 & 1 \\ -12 & -19 & 0 \end{bmatrix} s + \begin{bmatrix} 19 & 8 & 1 \\ -12 & 0 & 0 \\ 0 & -12 & 0 \end{bmatrix}}{s^3 + 8s^2 + 19s + 12}$

or

$(sI-A)^{-1} = \dfrac{\begin{bmatrix} s^2+8s+19 & s+8 & 1 \\ -12 & s^2+8s & s \\ -12s & -19s-12 & s^2 \end{bmatrix}}{s^3 + 8s^2 + 19s + 12}$

(d)

$(sI-A)^{-1} = \dfrac{\begin{bmatrix} 1 & 0 & 0 \\ 0 & 1 & 0 \\ 0 & 0 & 1 \end{bmatrix} s^2 + \begin{bmatrix} 2 & 1 & 0 \\ 0 & 2 & 1 \\ 0 & 0 & 2 \end{bmatrix} s + \begin{bmatrix} 1 & 1 & 1 \\ 0 & 1 & 1 \\ 0 & 0 & 1 \end{bmatrix}}{s^3 + 3s^2 + 3s + 1}$

or

$(sI-A)^{-1} = \dfrac{\begin{bmatrix} s^2+2s+1 & s+1 & 1 \\ 0 & s^2+2s+1 & s+1 \\ 0 & 0 & s^2+2s+1 \end{bmatrix}}{s^3 + 3s^2 + 3s + 1}$

(These can be worked using Program 2 in Appendix D.)

25

CHAPTER 4

4-1 With the error defined as:

$$\varepsilon = (2,2) \text{ term in partial sum} - e^{-0.2},$$

Number of terms	ε	Number of terms	ε
1	1.81×10^{-1}	5	2.58×10^{-6}
2	-1.87×10^{-2}	6	-8.64×10^{-8}
3	1.27×10^{-3}	7	2.50×10^{-9}
4	-6.41×10^{-5}		

4-2

$$\sum_{k=0}^{5} \frac{M^k}{k!} = \left\{ I + M \left[I + \frac{M}{2} \left(I + \frac{M}{3} \left[I + \frac{M}{4} \left(I + \frac{M}{5} \right) \right] \right) \right] \right\}$$

$$= \left\{ I + M \left[I + \frac{M}{2} \left(I + \frac{M}{3} \left[I + \frac{M}{4} + \frac{M^2}{4 \cdot 5} \right] \right) \right] \right\}$$

$$= \left\{ I + M \left[I + \frac{M}{2} \left(I + \frac{M}{3} + \frac{M^2}{3 \cdot 4} + \frac{M^3}{3 \cdot 4 \cdot 5} \right) \right] \right\}$$

$$= \left\{ I + M \left[I + \frac{M}{2} + \frac{M^2}{2 \cdot 3} + \frac{M^3}{2 \cdot 3 \cdot 4} + \frac{M^4}{2 \cdot 3 \cdot 4 \cdot 5} \right] \right\}$$

$$= I + M + \frac{M^2}{2!} + \frac{M^3}{3!} + \frac{M^4}{4!} + \frac{M^5}{5!} \quad \checkmark$$

4-3

(a) $(sI-A)^{-1} = \begin{bmatrix} \frac{1}{s} & \frac{1}{s(s+2)} \\ 0 & \frac{1}{s+2} \end{bmatrix} \rightarrow \begin{bmatrix} 1 & (1-e^{-2t})/2 \\ 0 & e^{-2t} \end{bmatrix}$

$\frac{1}{s}(sI-A)^{-1} B = \begin{bmatrix} \frac{1}{s^2(s+2)} \\ \frac{1}{s(s+2)} \end{bmatrix} \rightarrow \begin{bmatrix} (2t-1+e^{-2t})/4 \\ (1-e^{-2t})/2 \end{bmatrix}$

With sample interval $T = 0.1$ sec. (4-place accuracy):

$$\underline{x}(k+1) = \begin{bmatrix} 1 & 0.0906 \\ 0 & 0.8187 \end{bmatrix} \underline{x}(k) + \begin{bmatrix} 0.0047 \\ 0.0906 \end{bmatrix} u(k)$$

(b)
$$E(0.1) \cong \begin{bmatrix} 0.1 & 0 \\ 0 & 0.1 \end{bmatrix} + \begin{bmatrix} 0 & 0.005 \\ 0 & -0.01 \end{bmatrix} + \begin{bmatrix} 0 & \frac{-0.001}{3} \\ 0 & \frac{0.002}{3} \end{bmatrix} + \begin{bmatrix} 0 & \frac{0.0001}{6} \\ 0 & -\frac{0.0001}{3} \end{bmatrix}.$$

(4 terms)

$$\therefore E(0.1) = \begin{bmatrix} 0.1 & 0.004683 \\ 0 & 0.090633 \end{bmatrix}$$

$$A(0.1) = I + F \, E(0.1) = \begin{bmatrix} 1 & 0.0906 \\ 0 & 0.8187 \end{bmatrix}$$

$$B(0.1) = E(0.1) \, G = \begin{bmatrix} 0.0047 \\ 0.0906 \end{bmatrix}$$

(c)
$$E = \begin{bmatrix} 0.1 & 0.0046827 \\ 0 & 0.0906346 \end{bmatrix},$$

(7-place accur.)

{ Note that with only 4 terms E (and $\therefore A$ and B) is off only in the 6 decimal place.

4-4 From the general solution we write Eq. (3-32) using Eq. (4-49) for $\underline{u}$:

$$\underline{x}(k+1) = e^{FT} \underline{x}(k) + \int_{kT}^{kT+T} e^{F(kT+T-\tau)} \left(\frac{\tau - kT}{T}\right) d\tau \cdot G \, \underline{u}(k+1)$$

$$+ \int_{kT}^{kT+T} e^{F(kT+T-\tau)} \left(\frac{kT+T-\tau}{T}\right) d\tau \cdot G \, \underline{u}(k)$$

$$\therefore \quad \Phi(T) = e^{FT} = \sum_{k=0}^{\infty} \frac{T^k}{k!} F^k$$

$$\theta(T) = \int_0^T e^{Ft} \frac{t}{T} dt \cdot G \quad , \quad \begin{cases} t = kT+T-\tau \\ dt = -d\tau \end{cases}$$

$$\theta(T) = \int_0^T \frac{t}{T} \left(I + tF + \frac{t^2}{2!} F^2 + \frac{t^3}{3!} F^3 + \cdots \right) dt \, G$$

$$\theta(T) = \left(\frac{T}{2} I + \frac{T^2}{3} F + \frac{T^3}{2! \cdot 4} F^2 + \frac{T^4}{3! \cdot 5} F^3 + \cdots \right) G$$

$$\theta(T) = \sum_{k=0}^{\infty} \frac{(k+1) T^{k+1}}{(k+2)!} F^k G$$

$$\Psi(T) = \int_0^T e^{Ft} \left(1 - \frac{t}{T}\right) dt \cdot G = \int_0^T e^{Ft} dt \, G - \theta(T)$$

$$\Psi(T) = \sum_{k=0}^{\infty} \left[\frac{T^{k+1}}{(k+1)!} F^k - \frac{(k+1) T^{k+1}}{(k+2)!} F^k \right] G$$

$$\Psi(T) = \sum_{k=0}^{\infty} \frac{T^{k+1}}{(k+2)!} F^k G$$

4-5

(a)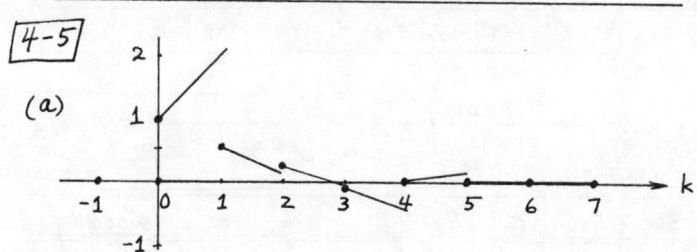

(b) $u(k) = \{ 0, 0.707, 1, 0.707, 0, -0.707, -1, -0.707, 0 \}$

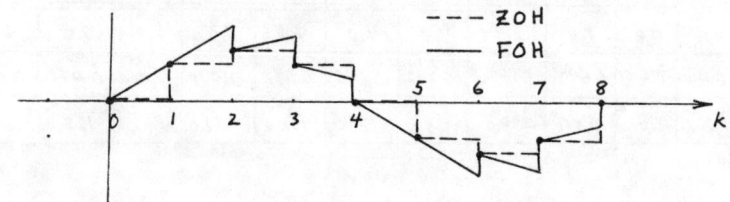

--- ZOH
—— FOH

27

4-6 From Eq. (4-12)

(a) $D_a(z) = Z\left\{Tte^{-t}\bigg|_{t=kT}\right\}_{T=3} = \dfrac{T^2 e^{-T} z}{(z-e^{-T})^2} = \dfrac{0.4481\,z}{(z-0.0498)^2}$

(b) $D_b(z) = Z\left\{Te^{-t}\sin 2t\bigg|_{t=kT}\right\} = \dfrac{(Te^{-T}\sin 2T)\,z}{z^2 - (2e^{-T}\cos 2T)z + e^{-2T}}$

$D_b(z)\bigg|_{T=\pi/8} = \dfrac{0.1875\,z}{z^2 - 0.9549\,z + 0.4559}$

(c) $D_c(z) = Z\left\{Te^{-t}\cos 2t\bigg|_{t=kT}\right\} = \dfrac{Tz^2 - (Te^{-T}\cos 2T)z}{z^2 - (2e^{-T}\cos 2T)z + e^{-2T}} - \dfrac{1}{2}$

(as in Eq. (4-14)). With $T = \pi/8$:

$D_c(z) = \dfrac{-0.1073\,z^2 + 0.2900\,z - 0.2280}{z^2 - 0.9549\,z + 0.4559}$

4-7

(a) $te^{-t} \leftrightarrow \dfrac{1}{(s+1)^2}\bigg|_{s=j\omega} = \dfrac{1}{(1-\omega^2)+j2\omega} = A_a,\ T=3\ \text{sec}.$

ωT	0°	18°	36°	54°	72°	90°	108°	126°	144°	162°	180°
$|D_a|$	0.496	0.494	0.486	0.475	0.461	0.447	0.434	0.422	0.414	0.408	0.407
$\angle D_a$	0°	-19.9°	-39.5°	-58.8°	-77.5°	-95.7°	-113.3°	-130.5°	-147.2°	-163.7°	-180°
ω	0	0.105	0.209	0.314	0.419	0.524	0.628	0.733	0.838	0.942	1.047
$|A_a|$	1.00	0.989	0.958	0.910	0.851	0.785	0.717	0.650	0.587	0.530	0.477
$\angle A_a$	0°	-12.0°	-23.6°	-34.9°	-45.5°	-55.3°	-64.3°	-72.5°	-79.9°	-86.6°	-92.6°

(b) $e^{-t}\sin 2t \leftrightarrow \dfrac{2}{(s+1)^2+4}\bigg|_{s=j\omega} = \dfrac{2}{(5-\omega^2)+j2\omega} = A_b(\omega)$, $(T = \dfrac{\pi}{8}\ \text{sec})$

ωT	0°	18°	36°	54°	72°	90°	108°	126°	144°	162°	180°
$|D_b|$	0.374	0.406	0.481	0.416	0.259	0.171	0.125	0.101	0.087	0.080	0.078
$\angle D_b$	0°	-21.4°	-55.1°	-102.7°	-134.3°	-150.3°	-159.8°	-166.3°	-171.5°	-175.9°	-180°
ω	0	0.8	1.6	2.4	3.2	4.0	4.8	5.6	6.4	7.2	8.0
$|A_b|$	0.400	0.431	0.497	0.412	0.242	0.147	0.098	0.070	0.052	0.041	0.033
$\angle A_b$	0°	-20.2°	-52.7°	-99.0°	-129.3°	-144.0°	-152.0°	-157.0°	-160.4°	-162.9°	-164.8°

(c) $e^{-t} \cos 2t \leftrightarrow \dfrac{S+1}{(S+1)^2 + 4}\bigg|_{s=j\omega} = \dfrac{1+j\omega}{(5-\omega^2)+j2\omega} = A_c(\omega)$, $T = \dfrac{\pi}{8}$ sec

ωT	$0°$	$18°$	$36°$	$54°$	$72°$	$90°$	$108°$	$126°$	$144°$	$162°$	$180°$
$\lvert D_c \rvert$	0.090	0.102	0.188	0.299	0.303	0.286	0.274	0.267	0.262	0.260	0.259
$\angle D_c$	$180°$	$106.4°$	$20.1°$	$-56.3°$	$-102.7°$	$-127.7°$	$-143.5°$	$-155.0°$	$-164.3°$	$-172.4°$	$-180°$
ω	0	0.8	1.6	2.4	3.2	4.0	4.8	5.6	6.4	7.2	8.0
$\lvert A_c \rvert$	0.200	0.276	0.469	0.535	0.405	0.303	0.240	0.199	0.170	0.148	0.132
$\angle A_c$	$0°$	$18.5°$	$5.3°$	$-31.6°$	$-56.7°$	$-68.0°$	$-73.7°$	$-77.1°$	$-79.3°$	$-80.8°$	$-82.0°$

4-8 (a) $I = \int_0^1 3x^2 dx = x^3 \big|_{x=0}^{1} = 1$.

(b) $f(0.2k) = \{0, 0.12, 0.48, 1.08, 1.92, 3\}$, $T = 0.2$

$i_0(k) = i_0(k-1) + 0.2\, f(k-1)$

$i_0(k) = \{0, 0, 0.024, 0.120, 0.336, 0.720\}$

$\therefore I_0 = 0.720$

$I_1(z) = \dfrac{T(z+1)}{2(z-1)} F(z) = \dfrac{0.1(z+1)}{z-1} F(z)$.

$i_1(k) = i_1(k-1) + \dfrac{1}{10}[f(k) + f(k-1)]$

$i_1(k) = \{0, 0.012, 0.072, 0.228, 0.528, 1.020\}$

$\therefore I_1 = 1.020$

$\dfrac{I_2}{F} = \dfrac{\frac{1}{15}(z^2 + 4z + 1)}{z^2 - 1}$

$i_2(k) = \{0, 0.008, 0.064, 0.216, 0.512, 1.000\}$

$\therefore I_2 = 1.000$

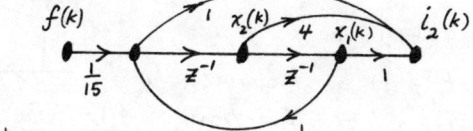

(c)

Approximation	I_0	I_1	I_2
Value	0.72	1.02	1.00
Error*	-28%	$+2\%$	0%

* % Error $= \dfrac{I_N - I}{I} \cdot 100$

4-9 (a) $I = \int_0^8 \sin\frac{\pi}{8} t \, dt = \frac{8}{\pi} \int_0^\pi \sin x \, dx = \frac{16}{\pi} \cong 5.0930$.

(b) $f(x) = \sin(\frac{\pi x}{8})$, $f(k) = \{0, 0.3827, 0.7071, 0.9239,$
($T = 1$)
$\qquad\qquad\qquad 1.0000, 0.9239, 0.7071, 0.3827, 0\}$

$i_0(k) = i_0(k-1) + 1 \cdot f(k-1)$

$i_0(k) = \{0, 0, 0.3827, 1.0898, 2.0137, 3.0137,$
$\qquad\qquad 3.9376, 4.6447, 5.0274, 5.0274\}$

$\therefore I_0 = 5.0274$.

$i_1(k) = i_1(k-1) + \frac{1}{2}[f(k) + f(k-1)]$

$i_1(k) = \{0, 0.1914, 0.7363, 1.5518, 2.5137, 3.4757,$
$\qquad\qquad 4.2912, 4.8361, 5.0274\}\quad \therefore I_1 = 5.0274$.

$i_2(k) = i_2(k-2) + \frac{1}{3}[f(k) + 4f(k-1) + f(k-2)]$.

$i_2(k) = \{0, 0.1276, 0.7460, 1.5059, 2.5469, 3.4552,$
$\qquad\qquad 4.3478, 4.8335, 5.0937\}\quad \therefore I_2 = 5.0937$.

(c)

Approximation	I_0	I_1	I_2
Value	5.0274	5.0274	5.0937
Error*	-1.3%	-1.3%	$+0.01\%$

* See solution to 4-8 for definition.

4-10 Assume samples $\{f(kT)$ for $k = 0, 1, 2, \ldots\}$. Let $f_1(t)$ be the linearly interpolated function. $\dot{f}_1(t)$ is piecewise constant with samples $\{\frac{f(T)-f(0)}{T}, \frac{f(2T)-f(T)}{T}, \ldots\}$ and $\ddot{f}_1(t)$ is an impulse train with weights $\{\frac{f(T)-f(0)}{T}, \frac{f(2T)-2f(T)+f(0)}{T},$
$\ldots, \frac{f(kT+T) - 2f(kT) + f(kT-T)}{T}, \ldots\}$.

30

4-11 $f(t) = 3t^2$, $d(t) = \dot{f}(t) = 6t$, $T = 0.2$

$f(k) = \{0, 0.12, 0.48, 1.08, 1.92, 3.00, \cdots\}$

$d(k) = \frac{6}{5}k = \{0, 1.2, 2.4, 3.6, 4.8, 6.0, \cdots\}$

$D_0(z) = \frac{1}{T}(z-1)F(z)$, $d_0(k) = \frac{1}{T}[f(k+1) - f(k)]$

$d_0(k) = \{0.6, 1.8, 3.0, 4.2, 5.4, \cdots\}$

$\frac{D_1(z)}{F(z)} = \frac{(\frac{2}{T})(z-1)}{(z+1)}$, $d_1(k+1) = -d_1(k) + 10[f(k+1) - f(k)]$

$d_1(k) = \{\underset{d_1(0)}{0}, 1.2, 2.4, 3.6, 4.8, 6.0, \cdots\}$

4-12 $f(t) = \sin\frac{\pi}{8}t$, $d(t) = \dot{f}(t) = \frac{\pi}{8}\cos\frac{\pi}{8}t$

$d(k) = \{0.3927, 0.3628, 0.2777, 0.1503, 0, -0.1503,$
$\qquad -0.2777, -0.3628, -0.3927\}$

$f(k) = \{0, 0.3827, 0.7071, 0.9239, 1, 0.9239,$
$\qquad 0.7071, 0.3827, 0\}$

with $T = 1$,

$d_0(k) = f(k+1) - f(k) = \{0.3827, 0.3244, 0.2168, 0.0761,$
$\qquad -0.2168, -0.3244, -0.3827, \cdots\}$

$d_1(k+1) = -d_1(k) + 2[f(k+1) - f(k)]$, $d_1(0) = d(0)$:

$d_1(k) = \{0.3927, 0.3727, 0.2761, 0.1575, -0.0053, -0.1469,$
$\qquad -0.2867, -0.3621, -0.4033, \cdots\}$

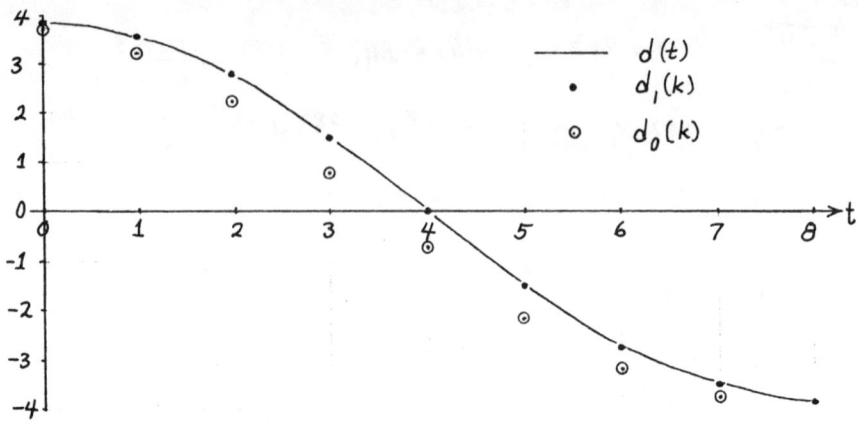

Remark: If d_1 is given the correct starting value, $d_1(0) = d(0)$, then $d_1(k)$ is within graphical (2-place) accuracy of $d(k)$. With the wrong $d_1(0)$, $d_1(k)$ will "oscillate" about $d(k)$.

4-13

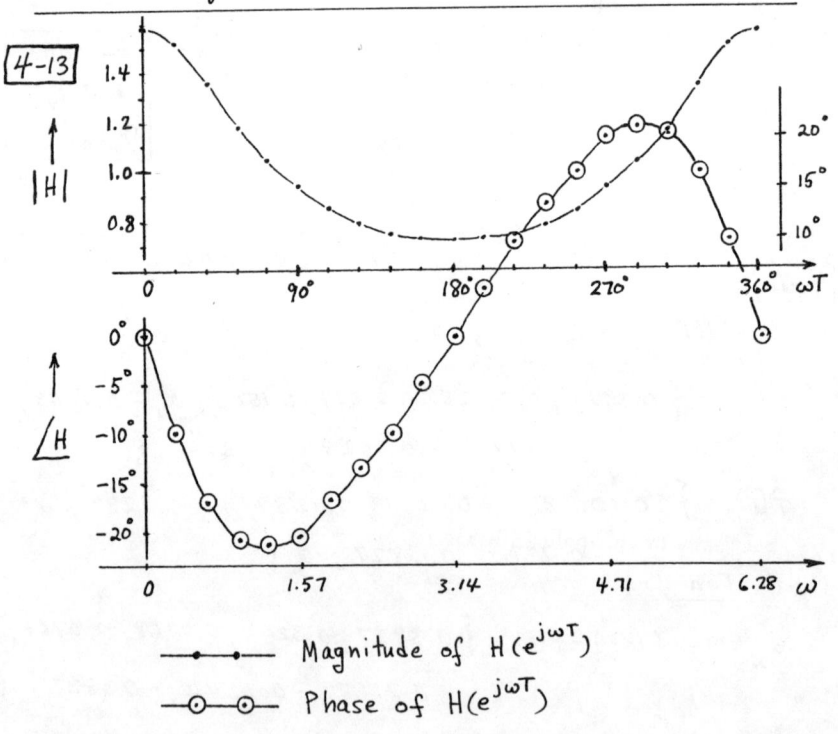

Magnitude of $H(e^{j\omega T})$
Phase of $H(e^{j\omega T})$

4-14

(a)

$$|G(j\omega)|^2 = G(j\omega) G^*(j\omega) = \frac{1}{1+\left(\frac{\omega}{\omega_c}\right)^{2n}}$$

For $j\omega = s$, $\omega = \frac{s}{j}$

$$|G(s)|^2 = G(s) G(-s) = \frac{\omega_c^{2n}}{\omega_c^{2n} + (-1)^n s^{2n}}$$

Normalizing: $\hat{s} = \frac{s}{\omega_c}$, $\qquad \hat{G}(\hat{s}) \hat{G}(-\hat{s}) = \frac{1}{1 + (-1)^n \hat{s}^{2n}}$

Poles: $\hat{s}^{2n} = (-1)^{n+1}$

$$\hat{s} = (e^{j\pi})^{\frac{n+1}{2n}} = \left[e^{j(\pi \pm k 2\pi)} \right]^{\frac{n+1}{2n}}, \quad k = 0, 1, \ldots$$

If $\hat{G}(\hat{s})$ is taken to be a stable transfer function, then we can write the (left-hand plane) poles as

$$\hat{s} = \exp\left[j \left(\frac{2k-1+n}{2n} \right) \pi \right] \quad \text{for } k = 1, 2, \ldots, n.$$

Since $s = \omega_c \hat{s}$, the poles of $G(s)$ are all at a radius of ω_c from the origin an at an angular spacing of $\theta = \frac{\pi}{n} = \frac{180°}{n}$.

(b)

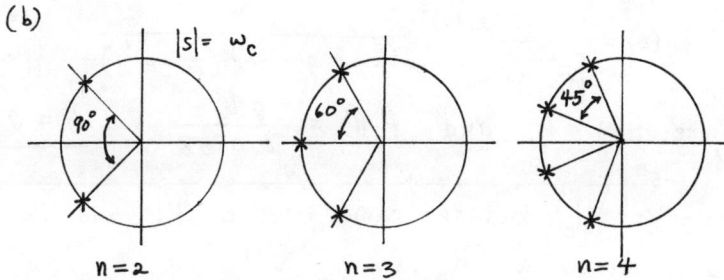

$|s| = \omega_c$

n=2 $\qquad$ n=3 $\qquad$ n=4

Butterworth polynomials:

n	polynomial
1	$\hat{s} + 1$
2	$\hat{s}^2 + \sqrt{2}\,\hat{s} + 1$
3	$\hat{s}^3 + 2\hat{s}^2 + 2\hat{s} + 1$
4	$\hat{s}^4 + 2.613\,\hat{s}^3 + 3.414\,\hat{s}^2 + 2.613\,\hat{s} + 1$

4-15 From 4-14, $H(s)$ is a Butterworth filter function of order 3: $H(s) = \dfrac{1}{(s+1)\left[(s+\frac{1}{2})^2 + (\frac{\sqrt{3}}{2})^2\right]}$.

$(T = \frac{1}{2}$ sec.$)$

(a) Impulse invariance:

$$H(s) = \frac{1}{(s+1)(s^2+s+1)} = \frac{1}{s+1} + \frac{s}{s^2+s+1}$$

z-transforming:

$$H_a(z) = \frac{z}{z - e^{-\frac{1}{2}}} + \frac{-z^2 - e^{-\frac{1}{4}}\left(\cos\frac{\sqrt{3}}{4} - \frac{1}{\sqrt{3}}\sin\frac{\sqrt{3}}{2}\right)z}{z^2 - \left(2e^{-\frac{1}{4}}\cos\frac{\sqrt{3}}{4}\right)z + e^{-\frac{1}{2}}}$$

$$H_a(z) = \frac{-z^2(z + 0.5182)}{z^3 - 2.0204\,z^2 + 1.4641\,z - 0.3679}$$

(b) Tustin's method:

$$H_b(z) = H(s)\Big|_{s = 4\frac{z-1}{z+1}} = \frac{z^3 + 3z^2 + 3z + 1}{104\,z^3 - 213\,z^2 + 155\,z - 39}$$

(c) Pole-zero mapping:

$$H_c(z) = \frac{K(z+1)^3}{\left[z^2 - \left(2e^{-\frac{1}{4}}\cos\frac{\sqrt{3}}{4}\right)z + e^{-\frac{1}{2}}\right](z - e^{-\frac{1}{2}})}$$

Since $\hat{H}(0) = 1$, and $H_c(1) = \dfrac{8K}{0.0758}$ ∴ $K = 0.00948$.

Remark: H_c has the same poles as H_a and the same zeros as H_b.

4-16
(a) $H(s) = \dfrac{6}{(s+2)(s+3)}$, $H(0) = 1$

Pole-zero mapping: $(T = 0.2$ sec.$)$

$$\hat{H}(z) = \frac{K(z+1)^2}{(z - e^{-0.4})(z - e^{-0.6})}, \quad \hat{H}(1) = 26.89\,K$$

∴ $K = 0.0372$.

∴ $\hat{H}(z) = \dfrac{0.0372\,(z+1)^2}{(z - 0.6703)(z - 0.5488)}$.

(b) $H(j\omega) = \dfrac{6}{(6-\omega^2) + j5\omega}$

ω/π	0	0.5	1	1.5	2	2.5	3	3.5	4	4.5	5
$|H|$	1	0.697	0.371	0.210	0.131	0.088	0.063	0.047	0.036	0.029	0.024
$|\hat{H}|$	1	0.685	0.347	0.179	0.098	0.054	0.029	0.015	0.006	0.001	0

4-17 (a) $H(s) = \dfrac{1}{s+1} e^{-0.4s}$, $e^{-0.4s} \equiv z^{-2}$. ($T = 0.2$)

$\hat{H}(z) = \dfrac{K(z+1)}{z^2(z - 0.6065)}$, $\begin{matrix} H(0) = 1 \\ \hat{H}(1) = 5.083k \end{matrix} \Big\} \underline{K = 0.197}$.

$\hat{H}(z) = \dfrac{0.197(z+1)}{z^2(z-0.6065)}$

(b) $H(j\omega) = \dfrac{1}{1+j\omega} e^{-j0.4\omega}$, $|H(j\omega)| = \left|\dfrac{1}{1+j\omega}\right|$

ω/π	0	0.5	1	1.5	2	2.5	3	3.5	4	4.5	5
$|H|$	1	.537	.303	.208	.157	.126	.106	.091	.079	.071	.064
$|\hat{H}|$	1	.841	.603	.434	.320	.238	.175	.124	.079	.039	0

4-18

(a) $G_a(s) = \dfrac{10}{s+10} = \dfrac{1}{1+\frac{s}{10}} \Big|_{s=j\omega} = \dfrac{1}{1+j\frac{\omega}{10}}$

Since $\omega_0 = 10$, from (4-37),

$\omega_0' = 10 \tan(1) = 15.57$

$\therefore$ The "prewarped" function is $\dfrac{15.57}{s + 15.57}$

Substituting (4-38),

$\hat{G}_a(z) = \dfrac{15.57}{\frac{10(z-1)}{z+1} + 15.57} = \dfrac{0.609(z+1)}{z + 0.218}$

(b) $G_b(s) = \dfrac{1}{(1+\frac{s}{20})(1+\frac{s}{100})}$, $T = 0.02$

$\omega_1' = 100 \tan(0.20) = 20.27$

$\omega_2' = 100 \tan(1) = 155.74$

$\therefore \hat{G}_b(z) = \dfrac{1}{\left(1 + \dfrac{s}{20.27}\right)\left(1 + \dfrac{s}{155.74}\right)} \bigg|_{s = \frac{100(z-1)}{z+1}}$

$\hat{G}_b(z) = \dfrac{0.103(z+1)^2}{(z - 0.663)(z + 0.218)}$

[4-19] $H(s) = \dfrac{100s + 1}{10s + 1}$, $\omega = 3$ critical frequency, $T = 0.25$ sec., $|H(j3)| = 9.9945$

(1) ZOH equivalent:

$H(z) = \dfrac{z-1}{z} \mathcal{Z}\left\{\dfrac{H(s)}{s}\right\} = \dfrac{z-1}{z}\mathcal{Z}\left\{\dfrac{10(s + 0.01)}{s(s + 0.1)}\right\} \cdot \dfrac{z-1}{z}$

$H(z) = \dfrac{z-1}{z}\mathcal{Z}\left\{\dfrac{1}{s} + \dfrac{9}{s + 0.1}\right\} = \dfrac{z-1}{z}\left\{\dfrac{z}{z-1} + \dfrac{9z}{z - 0.97531}\right\}$

$H_1(z) = \dfrac{10(z - 0.99753)}{z - 0.97531}$, $|H_1(e^{j.75})| = 10.107$.

(2). ($N = 0$) $s = \dfrac{z-1}{T} = 4(z-1)$

$H_2(z) = H(s)\big|_{s = 4(z-1)} = \dfrac{10(z - 0.99750)}{z - 0.97500}$, $|H_2(e^{j\frac{3}{4}})| = 10.109$

(3) ($N = 1$) $s = \dfrac{2}{T} \cdot \dfrac{z-1}{z+1}$

$H_3(z) = H(s)\big|_{s = \frac{8(z-1)}{z+1}} = \dfrac{9.8889(z - 0.99750)}{z - 0.97531}$, $|H_3(e^{j\frac{3}{4}})| = 9.9950$

(4) (Prewarping), ($\omega = 3$): $\dfrac{2}{T}\tan\dfrac{3T}{2} = 8\tan(\dfrac{3}{8}) = 3.1490$

$H(s) = \dfrac{300\left(\frac{s}{3}\right) + 1}{30\left(\frac{s}{3}\right) + 1} \longrightarrow \dfrac{300\left(\frac{s}{3.149}\right) + 1}{30\left(\frac{s}{3.149}\right) + 1} = \dfrac{95.268s + 1}{9.5268s + 1}$

Substituting $s = 8\dfrac{(z-1)}{z+1}$,

$H_4(z) = \dfrac{9.8834(z - 0.99738)}{z - 0.97410}$, $|H_4(e^{j\frac{3}{4}})| = 9.9945$

(5) Pole-zero mapping:

$$H(s) = \frac{10(s+0.01)}{s+0.1} \quad , \quad H_5(z) = \frac{K(z - e^{-0.0025})}{z - e^{-0.025}}$$

$$H_5(z) = \frac{K(z - 0.99750)}{z - 0.97531} \quad , \quad |H_5(e^{j3/4})| = 1.0107\,K$$

$$|H(j3)| = 9.9945$$

$$H_5(z) = \frac{9.8884(z - 0.99750)}{z - 0.97531} \qquad \therefore K = 9.8884.$$

Summary:

Approximation Type	Pole	Zero	Gain (ω=3)*
1. Zero-order hold	0.97531	0.99753	10.107
2. Forward rectangular	0.97500	0.99750	10.109
3. Tustin's method	0.97531	0.99750	9.9950
4. Bilinear w. prewarp.	0.97410	0.99738	9.9945
5. Pole-zero mapping	0.97531	0.99750	9.9945

* $|H(j3)| = 9.9945$.

4-20

(a)

$$\dot{\underline{v}} = \begin{bmatrix} 0 & 1 & 0 \\ 0 & -2 & 1 \\ 0 & 0 & 0 \end{bmatrix} \underline{v} \; , \; \underline{v}(0) = \begin{bmatrix} 0 \\ 0 \\ 1 \end{bmatrix} \; , \; y = [4 \; 0 \; 0]\underline{v}$$

From TRANSMAT (Appen. D)

$$\Phi = \begin{bmatrix} 1 & .0475813 & .0012094 \\ 0 & .9048374 & .0475813 \\ 0 & 0 & 1 \end{bmatrix}$$

From STATEMOD (Appen. D)

t	0	.2	.4	.6	.8	1.0	1.2	1.4	1.6	1.8	2.0
y(t)	0	.070	.249	.501	.802	1.14	1.49	1.86	2.24	2.63	3.02

(b) $Y(s) = \dfrac{4}{s^2(s+2)} = \dfrac{2}{s^2} - \dfrac{1}{s} + \dfrac{1}{s+2} \quad \therefore y(t) = 2t - 1 + e^{-2t}, \; t \geq 0.$

$y(2) = 3.01831564$ "exact" compared with $y(2) = 3.01832$
(>5-place accuracy)

37

4-20 (c) $u = r - y$, $(v_3 = r)$

$$\dot{\underline{v}} = \begin{bmatrix} 0 & 1 & 0 \\ -4 & -2 & 1 \\ 0 & 0 & 0 \end{bmatrix} \underline{v} \;,\; \underline{v}(0) = \begin{bmatrix} 0 \\ 0 \\ 1 \end{bmatrix} \;,\; y = [4 \; 0 \; 0] \underline{v}$$

From TRANSMAT:

$$\Phi = \begin{bmatrix} .9951666 & .04750204 & .001208354 \\ -.1900082 & .9001625 & .04750204 \\ 0 & 0 & 1 \end{bmatrix}$$

t	0	.2	.4	.6	.8	1.0	1.2	1.4	1.6	1.8	2.0
$y(t)$	0	.069	.237	.449	.662	.849	.994	1.092	1.146	1.163	1.153

$$Y(s) = \frac{4}{s(s^2+2s+4)} = \frac{1}{s} - \frac{(s+1)+1}{(s+1)^2+3}$$

$$\therefore y(t) = 1 - e^{-t}\left[\cos\sqrt{3}\,t + \frac{1}{\sqrt{3}}\sin\sqrt{3}\,t\right], \; t \geq 0$$

$(y(2) = 1.153123)$

4-21 (a)

$$\dot{\underline{v}} = \begin{bmatrix} 0 & 1 & 0 \\ 0 & 0 & 1 \\ 0 & 0 & 0 \end{bmatrix} \underline{v} \;,\; \underline{v}(0) = \begin{bmatrix} 0 \\ 0 \\ 1 \end{bmatrix} \;,\; y = [1 \; 0 \; 0] \underline{v}$$

$$\Phi = \begin{bmatrix} 1 & .05 & .00125 \\ 0 & 1 & .05 \\ 0 & 0 & 1 \end{bmatrix}$$

t	0	.2	.4	.6	.8	1.0	1.2	1.4	1.6	1.8	2.0
$y(t)$	0	.02	.08	.18	.32	.50	.72	.98	1.28	1.62	2.0

(b) $Y(s) = \frac{1}{s^3}$ $\therefore y(t) = \frac{t^2}{2}$

(c) $u = r - y$, $(v_3 = r)$ $\dot{\underline{v}} = \begin{bmatrix} 0 & 1 & 0 \\ -1 & 0 & 1 \\ 0 & 0 & 0 \end{bmatrix} \underline{v}$, $\underline{v}^T(0) = [0 \; 0 \; 1]$, $y = [1 \; 0 \; 0]\underline{v}$

$$\Phi = \begin{bmatrix} .9987502 & .04997917 & .00124974 \\ -.04997917 & .9987502 & .04997917 \\ 0 & 0 & 1 \end{bmatrix}, \; Y(s) = \frac{1}{s(s^2+1)} = \frac{1}{s} - \frac{s}{s^2+1}$$

$\therefore y(t) = 1 - \cos t, \; t \geq 0$.

t	0	.2	.4	.6	.8	1.0	1.2	1.4	1.6	1.8	2.0
$y(t)$	0	.020	.079	.175	.303	.460	.638	.830	1.029	1.227	1.416 (145)

4-22

(a) $\dfrac{M(z)}{E(z)} = \dfrac{3-z^{-1}}{1-z^{-1}-2z^{-2}} = \dfrac{3z^2-z}{z^2-z-2}$

```
        3
  e → f ←─── d₂ ←── d₁ ←───── m
     1   z⁻¹  -1  z⁻¹
              1         2        (z⁻¹ = unit delay)
```

(b)

k	e(k)	f(k)	$d_2(k)$	$d_1(k)$	m(k)
0	1	1	0	0	3
1	1	2	1	0	5
2	1	5	2	1	13
3	1	10	5	2	25
4	1	21	10	5	53

(c) $\dfrac{M(z)}{z} = \dfrac{3z^2-z}{(z-1)(z+1)(z-2)}$ for $E(z) = \dfrac{z}{z-1}$

$\dfrac{M(z)}{z} = \dfrac{-1}{z-1} + \dfrac{2/3}{z+1} + \dfrac{10/3}{z-2}$

$\therefore M(z) = \dfrac{1}{3}\left[\dfrac{10z}{z-2} + \dfrac{2z}{z+1} - \dfrac{3z}{z-1}\right]$

$\therefore m(k) = \dfrac{1}{3}\left[10(2)^k + 2(-1)^k - 3\right] = \{3, 5, 13, 25, 53\}$

4-23

(a) $D(z) = \dfrac{U(z)}{E(z)} = \dfrac{az+b}{z-c}$

```
              a
        ┌──────────┐
  e → f ──── d ──── u
   1        1/z
            c     b
```

(b)

k	e(k)	f(k)	d(k)	u(k)
0	1	1	0	a
1	1	1+c	1	a+ac+b
2	1	$1+c+c^2$	1+c	$(a+b)(1+c) + ac^2$
3	1	$1+c+c^2+c^3$	$1+c+c^2$	$(a+b)(1+c+c^2) + ac^3$
4	1	$1+c+c^2+c^3+c^4$	$1+c+c^2+c^3$	$(a+b)(1+c+c^2+c^3) + ac^4$

(c) $\dfrac{M(z)}{z} = \dfrac{az+b}{(z-1)(z-c)} = \dfrac{\frac{a+b}{1-c}}{z-1} - \dfrac{\frac{ac+b}{1-c}}{z-c}$

$\therefore m(k) = \dfrac{1}{1-c}\left[(a+b) - (ac+b)c^k\right] = \{a, a+ac+b, \ldots\}$

4-24

$$H(z) = \frac{z^2 + 4z + 1}{3(z^2 - 1)}$$

```
f •——→• e ——1——→• x₁ ——4——→• x₂ ——————→• i
    1      ↓z⁻¹        ↓z⁻¹         ↑1/3
```

k	f(k)	e(k)	$x_1(k)$	$x_2(k)$
0	f_0	f_0	0	0
1	f_1	f_1	f_0	0
2	f_2	$f_2 + f_0$	f_1	f_0
3	f_3	$f_3 + f_1$	$f_2 + f_0$	f_1
4	f_4	$f_4 + f_2 + f_0$	$f_3 + f_1$	$f_2 + f_0$
5	f_5	$f_5 + f_3 + f_1$	$f_4 + f_2 + f_0$	$f_3 + f_1$
6	f_6	$f_6 + f_4 + f_2 + f_0$	$f_5 + f_3 + f_1$	$f_4 + f_2 + f_0$

$$\therefore i(6) = \frac{1}{3}\left[(f_4 + f_2 + f_0) + 4(f_5 + f_3 + f_1) + (f_6 + f_4 + f_2 + f_0)\right]$$

$$= \frac{1}{3}\left[2f_0 + 4f_1 + 2f_2 + 4f_3 + 2f_4 + 4f_5 + f_6\right]$$

↑ This is the only difference.

4-25 (a)

$$16z^3 + 34z^2 + 26z + 9 \overline{)\; 16z^2 + 26z + 9}$$

Quotient: $z^{-1} - \frac{1}{2}z^{-2} + \frac{1}{4}z^{-4} + \cdots$

$$16z^2 + 34z + 26 + 9z^{-1}$$
$$-8z - 17 - 9z^{-1}$$
$$-8z - 17 - 13z^{-1} - \tfrac{9}{2}z^{-2}$$
$$4z^{-1} + 4.5z^{-2}$$

$$\therefore d(k) = \left\{0, 1, -\tfrac{1}{2}, 0, \tfrac{1}{4}, \cdots \right\}$$

(b)
$$\begin{cases} \underline{x}(k+1) = \begin{bmatrix} 0 & 1 & 0 \\ 0 & 0 & 1 \\ -.5625 & -1.625 & -2.125 \end{bmatrix} \underline{x}(k) + \begin{bmatrix} 0 \\ 0 \\ 1 \end{bmatrix} u(k) \\ y(k) = [.5625,\ 1.625,\ 1]\ \underline{x}(k) \end{cases}$$

$u(k) = 1(k)$

From STATEMOD (Appen. D):

k	0	1	2	3	4	5	6	7	8	9	10	11	12	13
y(k)	0	1	.5	.5	.75	.5	.625	.625	.563	.625	.594	.594	.609	.594

($y(k) \to 0.600$ for large k)

4-26

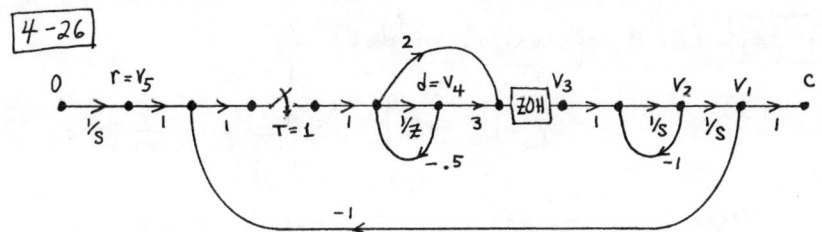

From the diagram,

$$\underline{\dot{v}} = \begin{bmatrix} 0 & 1 & 0 & | & 0 & 0 \\ 0 & -1 & 1 & | & 0 & 0 \\ 0 & 0 & 0 & | & 0 & 0 \\ \hline 0 & 0 & 0 & | & 0 & 0 \\ 0 & 0 & 0 & | & 0 & 0 \end{bmatrix} \underline{v}, \quad \text{for } kT \le t < kT+T$$

For $\Delta = 0.25$,
(Using TRANSMAT)

$$\begin{bmatrix} V_1(k\Delta+\Delta) \\ V_2(k\Delta+\Delta) \\ V_3(k\Delta+\Delta) \end{bmatrix} = \overbrace{\begin{bmatrix} 1 & .2212 & .0288 \\ 0 & .7788 & .2212 \\ 0 & 0 & 1 \end{bmatrix}}^{\Phi} \begin{bmatrix} V_1(k\Delta) \\ V_2(k\Delta) \\ V_3(k\Delta) \end{bmatrix}$$

At each sampling instant:

$$V_3(kT^+) = \begin{bmatrix} -2 & 0 & 0 & 2 & 2 \end{bmatrix} \underline{V}(kT^-) \quad \left.\begin{matrix} \\ \\ \end{matrix}\right\} \text{update}$$
$$V_4(kT^+) = \begin{bmatrix} -1 & 0 & 0 & -.5 & 1 \end{bmatrix} \underline{V}(kT^-)$$

$$\underline{V}(\bar{0}) = \begin{bmatrix} 0 & 0 & 0 & 0 & 1 \end{bmatrix}^T \qquad \begin{cases} \text{At each small division use } \Phi \\ \text{At each large division use } \Phi \\ \text{ and update} \end{cases}$$

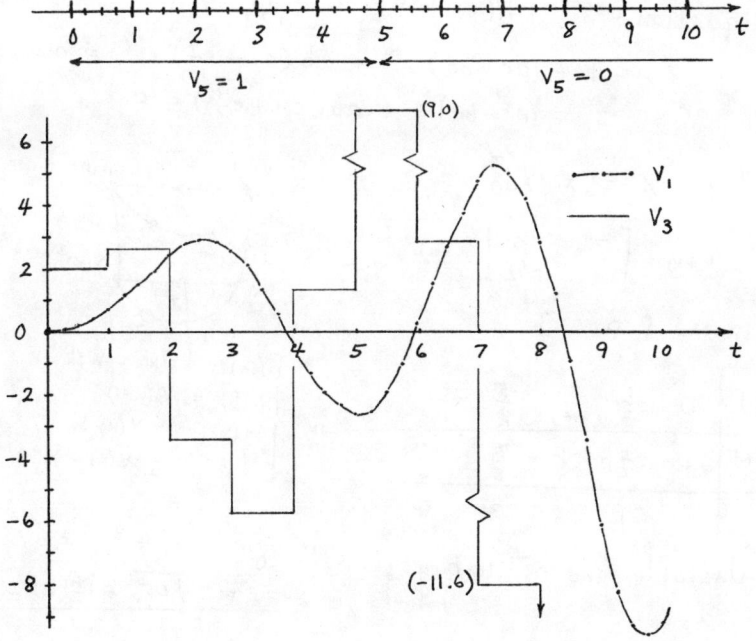

4-27 (ZOH equivalent model)

$$(SI-A)^{-1} = \begin{bmatrix} s & 2 \\ -1 & s+3 \end{bmatrix}^{-1} = \frac{\begin{bmatrix} s+3 & -2 \\ 1 & s \end{bmatrix}}{s^2 + 3s + 2}$$

$$\therefore \Phi(T) = \begin{bmatrix} (2e^{-T} - e^{-2T}) & (-2e^{-T} + 2e^{-2T}) \\ (e^{-T} - e^{-2T}) & (-e^{-T} + 2e^{-2T}) \end{bmatrix}$$

$$\Gamma(T) = \int_0^T \Phi(t)\, B\, dt = \begin{bmatrix} (-2e^{-T} + 2e^{-2T}) \\ (-e^{-T} + 2e^{-2T} - 1) \end{bmatrix}$$

$$\therefore \begin{cases} \underline{x}(k+1) = \Phi(T)\,\underline{x}(k) + \Gamma(T)\,u(k), \\ y(k) = \underbrace{[1 \quad -3]}_{C}\,\underline{x}(k) \end{cases} \quad \text{unit-pulse response:} \quad \begin{cases} u(k) = \delta(k) \\ \underline{x}(0) = \underline{0} \end{cases}$$

$$y(k) = h(k) = \{0,\, (3 + e^{-T} - 4e^{-2T}),\, (-e^{-T} + 5e^{-2T} - 4e^{-4T}),\, \cdots\}$$

$$h(k) = \{0,\, C\Gamma,\, C\Phi\Gamma,\, C\Phi^2\Gamma,\, C\Phi^3\Gamma,\, \cdots\}.$$

4-28 (a) Loops: $L_1 = -ac\, z^{-1}$
$L_2 = -abef\, z^{-2}$
$L_3 = -bd\, z^{-1}$

Characteristic equation: $1 - (L_1 + L_2 + L_3) + L_1 L_3 = 0$

$$1 + (ac - bd)\, z^{-1} + ab(cd + ef)\, z^{-2} = 0$$

or $z^2 + (ac - bd)\, z + ab(cd + ef) = 0$

(b) $\underline{x} = [X \; Y]^T$

$$\underline{x}(k+1) = \begin{bmatrix} -1 & -\tfrac{1}{2} \\ 1 & -\tfrac{1}{2} \end{bmatrix} \underline{x}(k)$$

$\underline{x}(0) = [0 \; 1]^T$

k	0	1	2	3	4	$\cdots$
$X(k)$	0	$-\tfrac{1}{2}$	$\tfrac{3}{4}$	$-\tfrac{5}{8}$	$\tfrac{3}{16}$	$\cdots$
$Y(k)$	1	$-\tfrac{1}{2}$	$-\tfrac{1}{4}$	$\tfrac{7}{8}$	$-\tfrac{17}{16}$	$\cdots$

$\begin{cases} Y(k) = -X(k) + W(k-1) \\ X(k) = V(k-1) \\ W(k) = -Y(k) \\ V(k) = \tfrac{1}{2} W(k) - X(k) \end{cases}$

Unstable and oscillatory: Char. eqn.: $z^2 + \tfrac{3}{2} = 0$
$z = \pm \sqrt{1.5} \doteq \pm 1.22$.

42

4-29

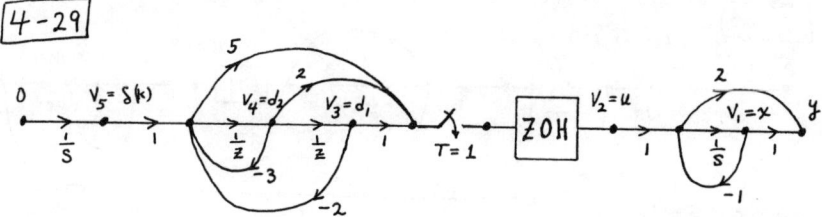

$$\begin{bmatrix} \dot{V}_1 \\ \dot{V}_2 \end{bmatrix} = \begin{bmatrix} -1 & 1 \\ 0 & 0 \end{bmatrix} \begin{bmatrix} V_1 \\ V_2 \end{bmatrix} \quad \text{for } k \le t < k+1 \quad (k=0,1,2,\ldots)$$

All other states remain constant between sample instants

$$\therefore \Phi(0.2) = \begin{bmatrix} 0.819 & 0.181 \\ 0 & 1 \end{bmatrix} = \begin{bmatrix} e^{-\Delta} & 1-e^{-\Delta} \\ 0 & 1 \end{bmatrix}_{\Delta = 0.2}$$

$$\underline{V}(k^+) = \begin{bmatrix} 1 & 0 & 0 & 0 & | & 0 \\ 0 & 0 & -9 & -13 & | & 5 \\ 0 & 0 & 0 & 1 & | & 0 \\ 0 & 0 & -2 & -3 & | & 1 \\ \hline 0 & 0 & 0 & 0 & | & 1 \end{bmatrix} \underline{V}(k^-), \quad \underline{V}(0^-) = \begin{bmatrix} 0 \\ 0 \\ 0 \\ 0 \\ 1 \end{bmatrix}, \quad \underline{V}(0^+) = J\,\underline{V}(0^-)$$

$\underbrace{}_{J}$

Note: After $t = 0^+$, $V_5 = 0$ since it is a unit-pulse. Thus, we carry only $V_1 \to V_4$.

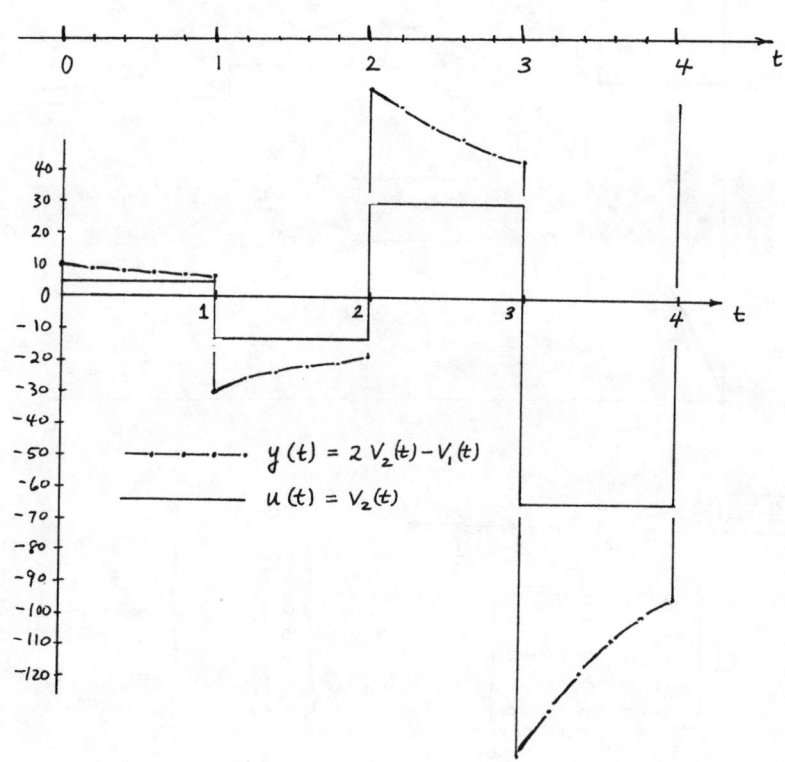

$y(t) = 2V_2(t) - V_1(t)$

$u(t) = V_2(t)$

43

4-30

[block diagram: $r=V_4$, $\frac{1}{s}$, $T=1$, $d=V_3$, $\frac{1}{z}$, ZOH, $u=V_2$, $\frac{1}{s}$, $x=V_1$, C; feedback -1]

$\Delta = 0.25$
for $0 \le t \le 5$ sec.

$$\begin{bmatrix} \dot{V_1} \\ \dot{V_2} \end{bmatrix} = \begin{bmatrix} -1 & 1 \\ 0 & 0 \end{bmatrix} \begin{bmatrix} V_1 \\ V_2 \end{bmatrix}$$

for $k \le t < k+1$,
$k = 0, 1, 2, \ldots$

$$\therefore \begin{bmatrix} V_1(k\Delta+\Delta) \\ V_2(k\Delta+\Delta) \end{bmatrix} = \underbrace{\begin{bmatrix} e^{-\Delta} & 1-e^{-\Delta} \\ 0 & 1 \end{bmatrix}}_{\Phi} \begin{bmatrix} V_1(k\Delta) \\ V_2(k\Delta) \end{bmatrix}$$

Update:

$$\underline{V}(k^+) = \begin{bmatrix} 1 & 0 & 0 & 0 \\ -1 & 0 & 1 & 1 \\ -1 & 0 & 1 & 1 \\ 0 & 0 & 0 & 1 \end{bmatrix} \underline{V}(k^-), \quad \underline{V}(0^-) = \begin{bmatrix} 0 \\ 0 \\ 0 \\ 1 \end{bmatrix}, \quad \underline{V}(0^+) = \begin{bmatrix} 0 \\ 1 \\ 1 \\ 1 \end{bmatrix}.$$

Every .25 sec., use Φ ; every second use the update.

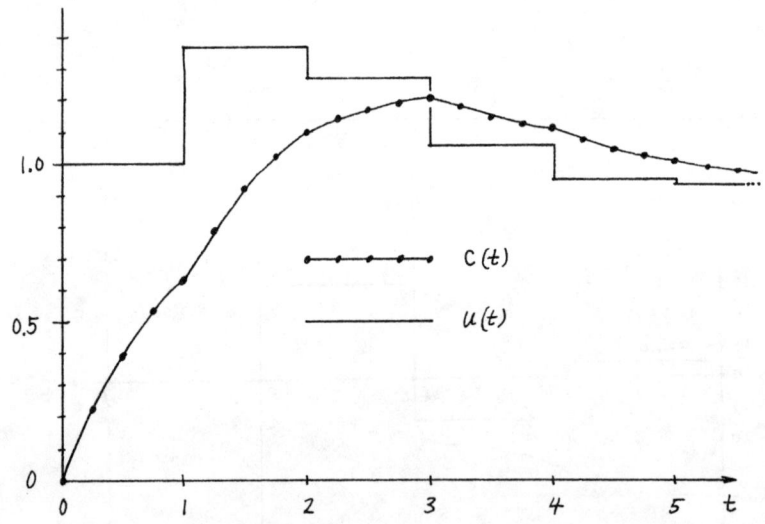

4-31

[diagram: V_5, $\frac{1}{s}$, $V_4 = r$, $\frac{1}{s}$]

$$\underline{\dot{V}} = \begin{bmatrix} -1 & 1 & 0 & 0 & 0 \\ 0 & 0 & 0 & 0 & 0 \\ 0 & 0 & 0 & 0 & 0 \\ 0 & 0 & 0 & 0 & 1 \\ 0 & 0 & 0 & 0 & 0 \end{bmatrix} \underline{V}, \quad \underline{V}(0^-) = \begin{bmatrix} 0 \\ 0 \\ 0 \\ 0 \\ 1 \end{bmatrix}, \quad J = \begin{bmatrix} 1 & 0 & 0 & 0 & 0 \\ -1 & 0 & 1 & 1 & 0 \\ -1 & 0 & 1 & 1 & 0 \\ 0 & 0 & 0 & 1 & 0 \\ 0 & 0 & 0 & 0 & 1 \end{bmatrix}$$

4-31

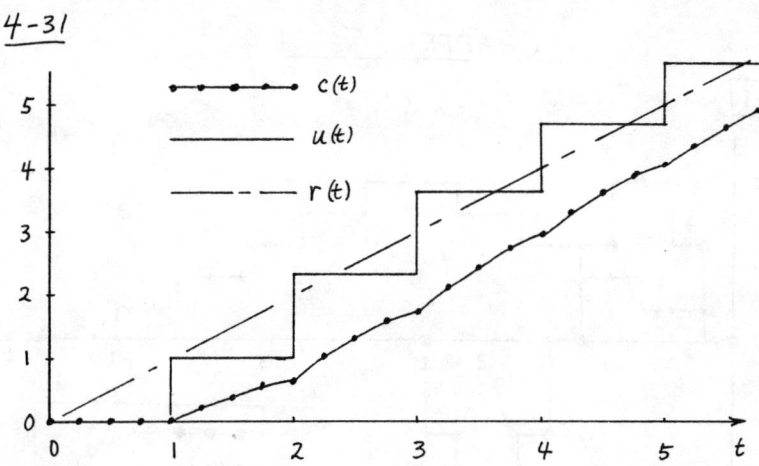

4-32 From Prob. 4-5 the unit-pulse response is given by:

$$h_1(t) = \left(1 + \frac{t}{T}\right)1(t) - 2\left(1 + \frac{t-T}{T}\right)1(t-T) + \left(1 + \frac{t-2T}{T}\right)1(t-2T).$$

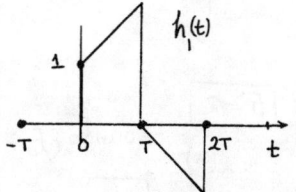

Transforming:

$$H_1(s) = \left(\frac{1}{s} + \frac{1}{Ts^2}\right) - 2\left(\frac{1}{s} + \frac{1}{Ts^2}\right)e^{-Ts} + \left(\frac{1}{s} + \frac{1}{Ts^2}\right)e^{-2Ts}$$

$$\therefore H_1(s) = \frac{(1+sT)}{Ts^2}\left(1 - e^{-sT}\right)^2.$$

Chapter 5

5-1

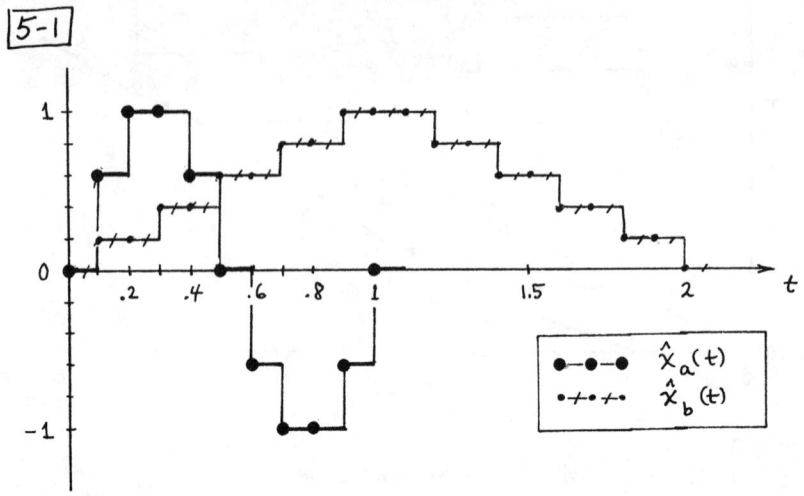

5-2 Roundoff: (a)

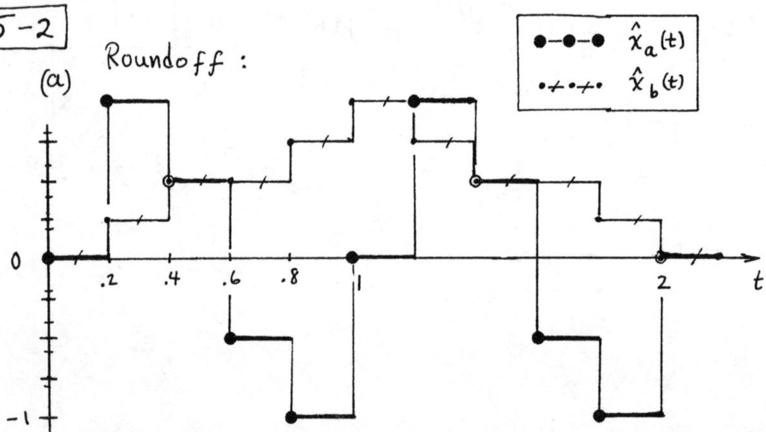

(b) Truncation:

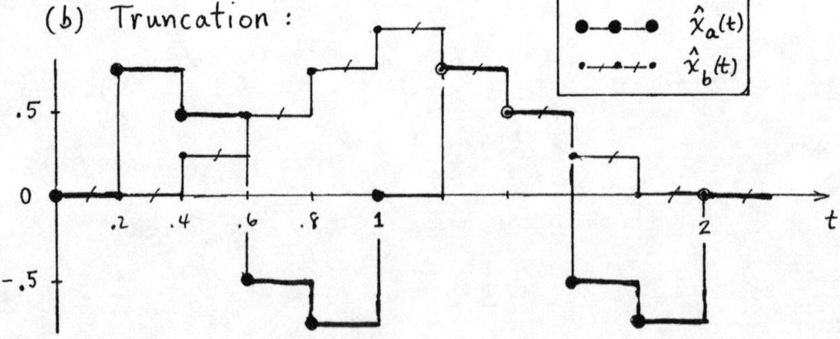

5-3 (a) Signals applied to integrator:

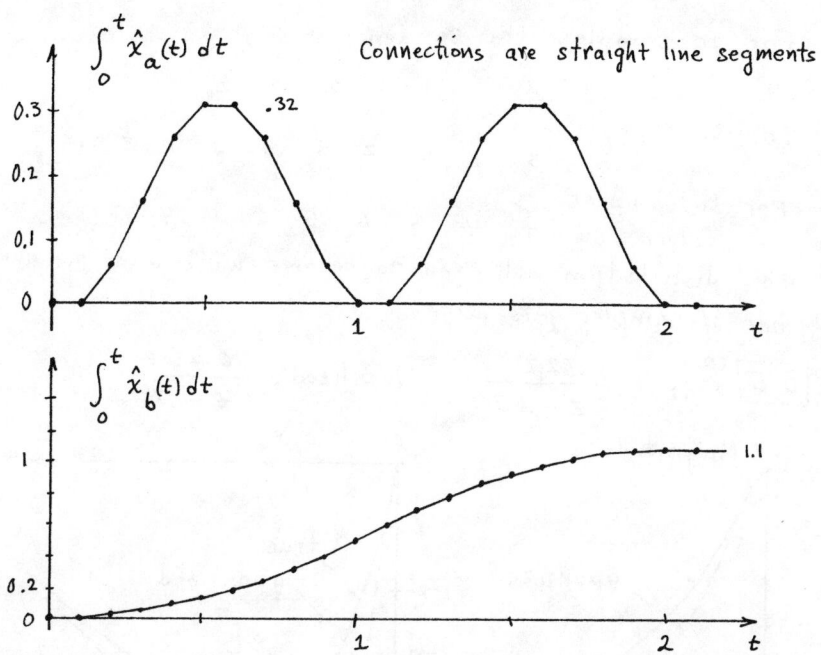

(b) Signals applied to $\frac{1}{S+1}$: Since the signals are clamped, $H(z) = (1-z^{-1}) Z\left\{\frac{1}{s(s+1)}\right\} = \left.\frac{1-e^{-T}}{z-e^{-T}}\right|_{T=0.1} = \frac{.095}{z-.905}$

Response to $\hat{x}_a(k) = \{0, .6, 1, 1, .6, 0, -.6, -1, -1, -.6, 0, \cdots\}$
is: $\{0, 0, .057, .147, .228, .263, .238, .159, .048, -.057, -.104\}$

Response to $\hat{x}_b(k) = \{0, .2, .2, .4, .4, .6, .6, .8, .8, 1, 1, 1, \cdots\}$
is:
$\{0, 0, .019, .036, .071, .102, .150, .192, .250, .303, .369, .429, \cdots\}$

These values are connected with exponential segments with time constant of 1 ∴ Approx. straight lines.

5-4 10 samples:

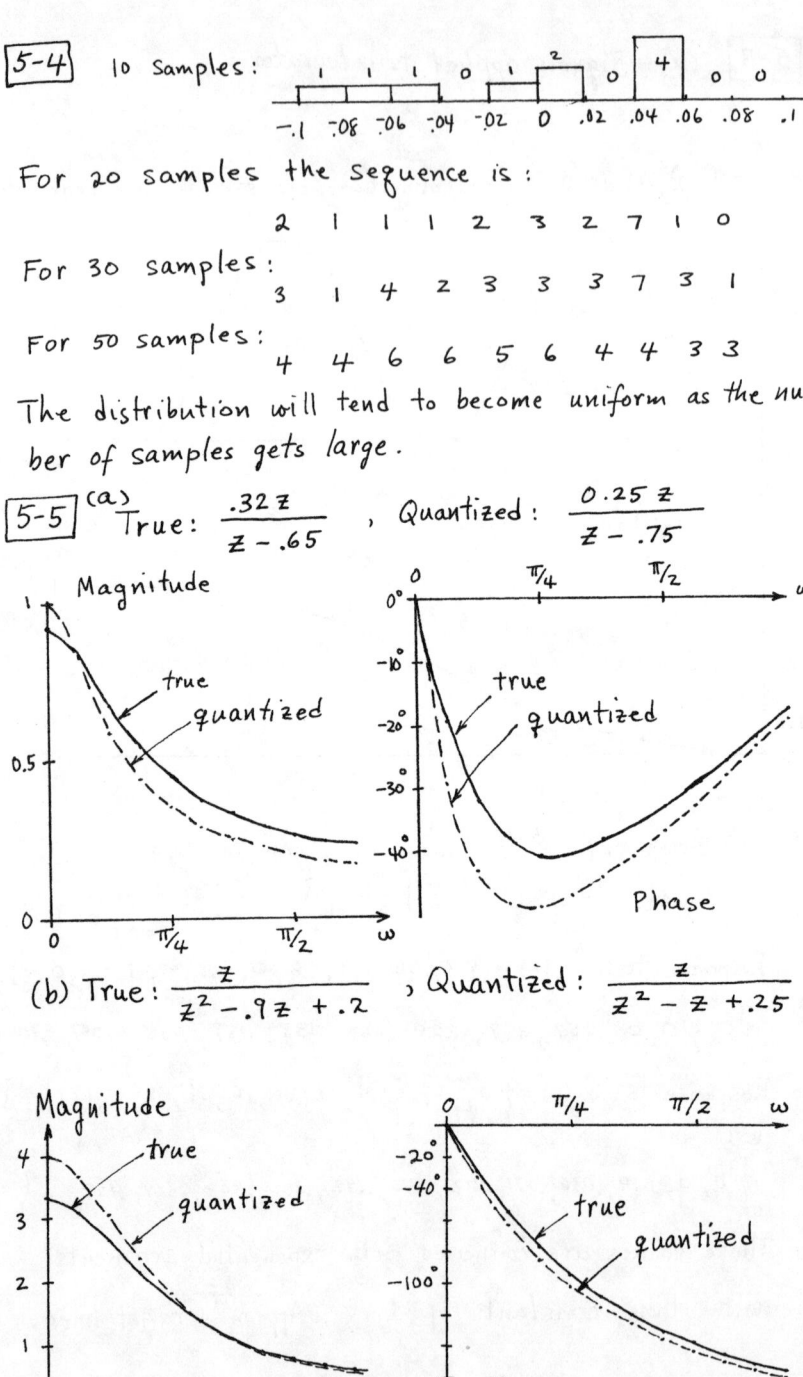

For 20 samples the sequence is:

    2 1 1 1 2 3 2 7 1 0

For 30 samples:

    3 1 4 2 3 3 3 7 3 1

For 50 samples:

    4 4 6 6 5 6 4 4 3 3

The distribution will tend to become uniform as the number of samples gets large.

5-5 (a) True: $\dfrac{.32z}{z - .65}$, Quantized: $\dfrac{0.25z}{z - .75}$

(b) True: $\dfrac{z}{z^2 - .9z + .2}$, Quantized: $\dfrac{z}{z^2 - z + .25}$

48

5-6 (a) $G_p = \frac{z-1}{z} Z\left\{\frac{1}{s(s+2)}\right\} = \frac{0.5(1-e^{-2T})}{z - e^{-2T}}$

$T = 0.1$, $\quad G_p(z) = \frac{0.0906}{z - 0.8187}$, $\quad G_c(z) = \frac{Kz}{z-p}$

$G(z) = G_c(z) G_p(z) = \frac{.0906 \, K z}{(z-p)(z-.8187)}$

(b) ($K_o = 0.2$, $p_o = 0.9$) $\quad T(z) = \frac{G(z)}{1 + G(z)}$

$S_K^T = \frac{\partial T}{\partial k} \cdot \frac{k}{T} = \frac{\partial T}{\partial G} \cdot \frac{\partial G}{\partial k} \cdot \frac{k}{T} = \frac{1}{1+G}\Big|_{k_o, p_o}$

$S_K^{T}(z) = \frac{z^2 - 1.7187 \, z + .7369}{z^2 - 1.7006 \, z + .7369}$

$S_K^T(1) = 0.5014$, (The system poles are $.859 \pm j.129$)

∴ If K increases 5% then y_{ss} increases ≈ 2.5%.

5-7 (a) Same as in problem 5-6a.

(b) $S_p^T = \frac{\partial T}{\partial G} \cdot \frac{\partial G}{\partial p} \cdot \frac{p}{T} = \frac{p}{(1+G)(z-p)}$

$S_p^T(z) = \frac{0.9 (z - .8187)}{z^2 - 1.7006 \, z + .7369}$ (For $k = 0.2$ and $p = .95$ the poles are at: $.89 \pm j.12$)

$S_p^T(1) = 4.50$

∴ If p increases 1%, y_{ss} will increase 4.5%.

5-8 $K = 0.2 \rightarrow 0.188 \; (-6.0\%)$
$p = 0.9 \rightarrow 0.875 \; (-2.78\%)$

$\Delta y_{ss}\big|_K = -3.01\%$

$\Delta y_{ss}\big|_p = -12.51\%$

$|\Delta y_{ss}| = \sqrt{3.01^2 + 12.51^2} = 12.9\%$

y_{ss} (true) $= T(1) = .501$
y_{ss} (quantized) $= .431$

$|\Delta y_{ss}| = 14.0\%$
$= \left(\frac{.501 - .431}{.501}\right) 100$

5-9 (a)

Controllable Form:

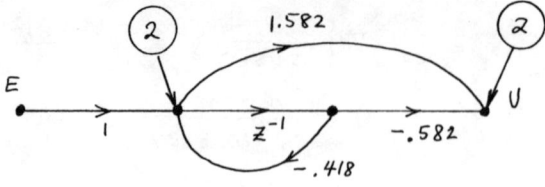

Observable Form:

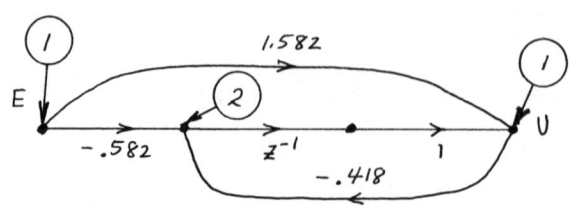

(b) $q = \frac{1}{4}$, $q^2/12 = .005208$

Controllable: $\sigma_o^2 = 2(.005208)\left[1 + \frac{1}{2\pi j}\oint D(z) D(\frac{1}{z})\frac{dz}{z}\right]$

where $\underbrace{D(z) D(z^{-1}) z^{-1}}_{F_c(z)} = \frac{(1.582 z - .582)(-1.392 z + 3.785)}{(z + .418)(z + 2.392) z}$

$\therefore \sigma_o^2 = \frac{q^2}{6}\left[1 + \underbrace{\text{Res}(F_c(z); 0)}_{-2.20} + \underbrace{\text{Res}(F_c(z); -.418)}_{6.58}\right] = \underline{.0456}$

$\underbrace{\qquad\qquad\qquad}_{4.38}$

Observable:

$\sigma_o^2 = \frac{q^2}{12}\left[1 + 4.38 + 2\ \text{Res}\underbrace{\{T(z) T(\frac{1}{z})\frac{1}{z}}_{F_o(z)}, -.418\}\right]$

where $T(z) = \dfrac{1}{z + .418}$

$F_o(z) = \dfrac{2.392}{(z + .418)(z + 2.392)}$, $\text{Res}(F_o(z), -.418) = 1.212$

$\therefore \sigma_o^2 = \underline{0.0407}$ (slight improvement).

5.10 (a)

Controllable Form:

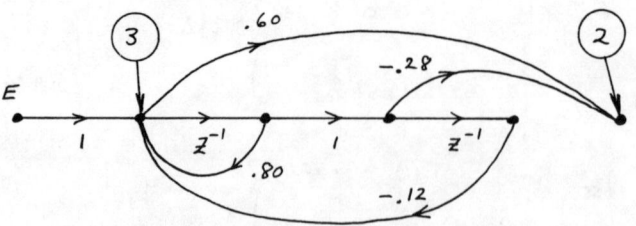

Observable Form:

```
                           .60
         1                           1
              -.28
   E                   2
                                     U
         z⁻¹     1         z⁻¹   1
                                .80
         1
              -.12
```

($q = \frac{1}{4}$)   Controllable Structure:

$$\sigma_0^2 = \frac{q^2}{12}\left[2 + 3\left\{\text{Res}(F_c(z), .2) + \text{Res}(F_c(z), .6)\right\}\right]$$

where $F_c(z) = D(z)\, D(z^{-1})\, z^{-1} = \dfrac{(.6z - .28)(5 - 2.33z)}{(z-.2)(z-.6)(z-5)(z-1.67)}$

$\therefore \sigma_0^2 = .00521\left[2 + 3(\underbrace{.257 + .153}_{.410})\right] = \underline{.0168}$

Observable Structure:

$$\sigma_0^2 = .00521\left[1 + .410 + \left\{\text{Res}(F_1(z), .2) + \text{Res}(F_1(z), .6)\right\} + 2\left\{\text{Res}(F_2(z), .2) + \text{Res}(F_2(z), .6)\right\}\right]$$

where $F_1(z) = D_1(z)\, D_1(\tfrac{1}{z})\tfrac{1}{z}$, $D_1(z) = \dfrac{1}{(z-.2)(z-.6)}$

and $F_2(z) = D_2(z)\, D_2(\tfrac{1}{z})\tfrac{1}{z}$, $D_2(z) = \dfrac{z}{(z-.2)(z-.6)}$

$F(z) = F_1(z) = F_2(z) = \dfrac{8.33\, z}{(z-.2)(z-.6)(z-5)(z-1.67)}$

$\therefore \sigma_0^2 = \dfrac{q^2}{12}\left[1 + .410 + 3\left\{\underbrace{\text{Res}(F(z), .2)}_{-.5906} + \underbrace{\text{Res}(F(z), .6)}_{2.655}\right\}\right]$

$\sigma_0^2 = \underline{0.0396}$

In this case the controllable form is better.

5.10 (b) $D(z) = .6 + \dfrac{.08}{z-.2} + \dfrac{.12}{z-.6}$

Jordan Form:

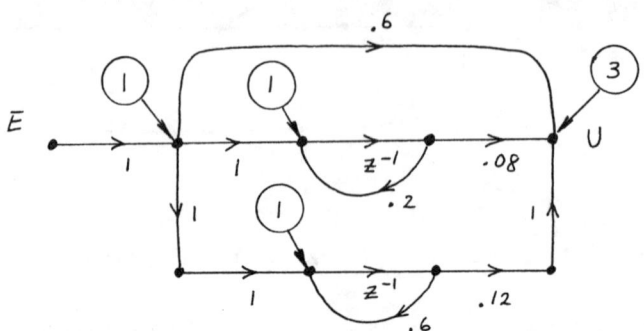

$\sigma_o^2 = .00521 \left[3 + 1(410) + \underbrace{\text{Res}(F_a(z), .2)}_{.0067} + \underbrace{\text{Res}(F_b(z), .6)}_{.0224} \right]$

$F_a(z) = \dfrac{.08}{z-.2} \cdot \dfrac{.08\, z^{-1}}{z^{-1}-.2} = \dfrac{-.032}{(z-.2)(z-5)}$

$F_b(z) = \dfrac{.12}{z-.6} \cdot \dfrac{.12\, z^{-1}}{z^{-1}-.6} = \dfrac{-.024}{(z-.6)(z-1.67)}$

$\therefore \sigma_o^2 = \underline{\underline{.0179}}$

A Cascade Structure: $D = \dfrac{z}{(z-.2)} \cdot \dfrac{(.6z - .28)}{(z-.6)}$

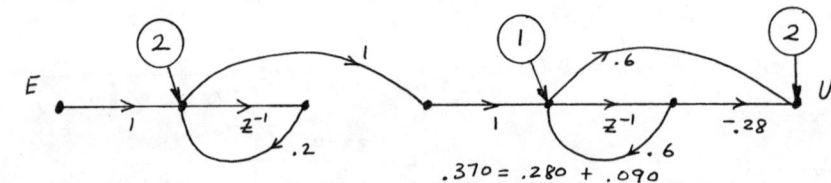

$.370 = .280 + .090$

$\sigma_o^2 = .00521 \left[2 + 1(410) + \Sigma \text{Res}(F_d(z); 0, .6) \right] = \underline{\underline{.0145}}$

$F_d(z) = D_d(z)\, D_d(\tfrac{1}{z})\, \tfrac{1}{z}$, $D_d(z) = \dfrac{.6z - .28}{z - .6}$

Controllable   .0168
Observable   .0396   } Equivalent output
Jordan   .0179   quantization noise
Cascade   .0145   variance, σ_o^2.

The results are problem dependent, but Jordan and Cascade are typically low.

5-11 Equivalent Discrete-Time System:

$$G_p(z) = \frac{z-1}{z} \mathcal{Z}\left\{\frac{1}{s^2(s+1)}\right\} = \frac{z(T-1+e^{-T}) + (1-e^{-T}-Te^{-T})}{(z-1)(z-e^{-T})}$$

$(T = 0.1)$

$$= \frac{.00484\, z + .00468}{z^2 - 1.9048\, z + .9048}$$

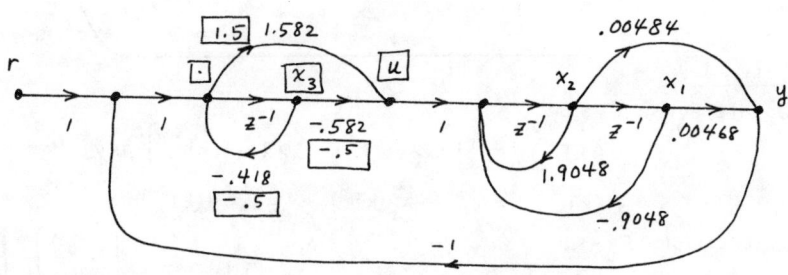

($\square$ indicates quantization for part b.)

(a)
$$\begin{bmatrix} x_1 \\ x_2 \\ x_3 \end{bmatrix}_{k+1} = \begin{bmatrix} 0 & 1 & 0 \\ -.9122 & 1.8971 & -1.2433 \\ -.00468 & -.00484 & -.418 \end{bmatrix} \begin{bmatrix} x_1 \\ x_2 \\ x_3 \end{bmatrix}_k + \begin{bmatrix} 0 \\ 1.582 \\ 1 \end{bmatrix}$$

(b) $u(k) = \begin{bmatrix} -.00702 & -.00726 & -1.25 \end{bmatrix} \underline{x}(k) + 1.5$

$$\underline{x}(k+1) = \begin{bmatrix} 0 & 1 & 0 \\ -.9048 & 1.9048 & 0 \\ -.00468 & -.00484 & -.5 \end{bmatrix} \underline{x}(k) + \begin{bmatrix} 0 \\ u(k) \\ 1 \end{bmatrix}$$

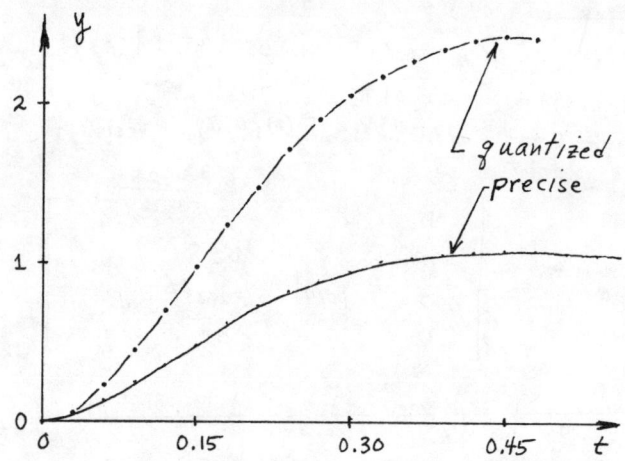

5-12 $\{q_i\} = \{\pm \frac{k}{4} \text{ for } k = 0, 1, \ldots, 7\}$

(a) – (d) $\begin{cases} \text{design 1} \\ \text{design 2} \end{cases}$

Design 1:
Update Eqns: ($T = .15$)
$$u(kT^+) = [1 - x_1(kT^-) - .098 \, d(kT^-)].154$$
$$d(kT^+) = 1 - x_1(kT^-) + .425 \, d(kT^-)$$

Intersample Eqns:
$$\frac{d}{dt}\begin{bmatrix} x_1 \\ x_2 \\ x_3 \\ u \end{bmatrix} = \underbrace{\begin{bmatrix} 0 & 1 & 0 & 0 \\ 0 & 0 & 1 & 0 \\ 0 & -.12 & -.8 & .048 \\ 0 & 0 & 0 & 0 \end{bmatrix}}_{G} \begin{bmatrix} x_1 \\ x_2 \\ x_3 \\ u \end{bmatrix}, \quad \begin{bmatrix} x_1(0^-) \\ x_2(0^-) \\ x_3(0^-) \\ u(0^-) \\ d(0^-) \end{bmatrix} = \begin{bmatrix} 0 \\ 0 \\ 0 \\ 0 \\ 0 \end{bmatrix}$$

$\Delta = .03$
$$\Phi_1 = e^{G\Delta} = \begin{bmatrix} 1 & .03 & .0004 & 0 \\ 0 & 1 & .03 & .00002 \\ 0 & -.0036 & .9762 & .00142 \\ 0 & 0 & 0 & 1 \end{bmatrix}$$

Design 2:
Update Eqns: ($T = .04$)
$$u(kT^+) = [1 - x_1(kT^-) + .05 \, d(kT^-)].339$$
$$d(kT^+) = 1 - x_1(kT^-) + .976 \, d(kT^-)$$

Intersample Eqns. are the same as for Design 1.

$\Delta = .02$
$$\Phi_2 = e^{G\Delta} = \begin{bmatrix} 1 & .02 & .0002 & 0 \\ 0 & 1 & .02 & 0 \\ 0 & -.0024 & .9841 & .001 \\ 0 & 0 & 0 & 1 \end{bmatrix}$$

For Design 2:

(a) From the initial state at $\bar{\sigma} = \underline{0}$ apply the update eqns, Φ_2 twice; update, Φ_2 twice etc.

(b) Same as part (a) except at each "update" both $u(kT^+)$ and $d(kT^+)$ are quantized (and limited) to the following values:
$$\{0, \pm.25, \pm.5, \pm.75, \pm 1, \pm 1.25, \pm 1.5, \pm 1.75\}$$

(c) Same as part (a) except that at each "update" the quantity $[1 - x_1(kT^-)]$ is quantized according to part (b) before calculating $u(kT^+)$ and $d(kT^+)$.

(d) Same as part (c), but $u(kT^+)$ is quantized as in part (b) after it is calculated.

The results are shown below for a short time interval. Since the state x_1 is small over this interval, parts (a) and (c) yield the same graph. The difference between the graphs for parts (b) and (d) indicate a noticeable effect of quantizing the digital state $d(k)$.

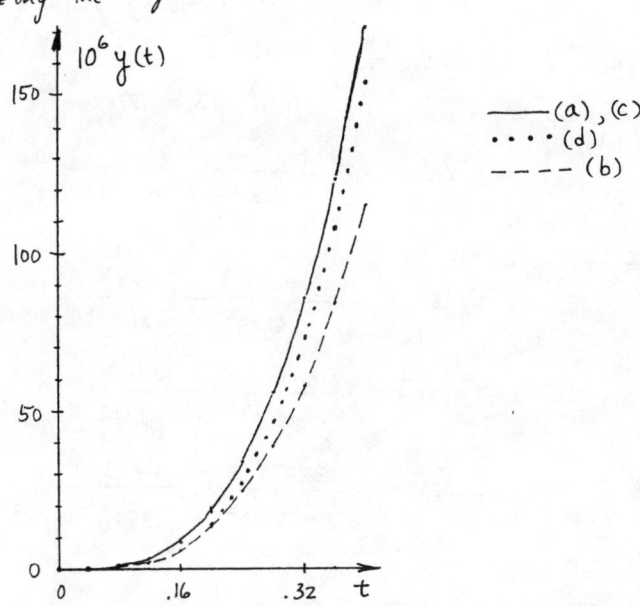

CHAPTER 6

6-1 $s^2 + s + k = s^2 + 2\zeta\omega_n s + \omega_n^2$

(a) $\omega_n = \sqrt{k}$, (b) $2\zeta\omega_n = 1$, $\zeta = \dfrac{1}{2\sqrt{k}}$

6-2 $\dfrac{C}{R} = \dfrac{k}{s^2 + as + k}$, $\begin{cases} \omega_n = \sqrt{k} \\ \zeta = \dfrac{a}{2\sqrt{k}} \end{cases}$

6-3 (a) 10 step settling time:
$b^{10} = .02$, $b = .676$

5% peak overshoot:
$b^{\pi/a} = .05$, $a = .410$, $(23.5°)$

From Eq. (6-2)

$$T_a(z) = \dfrac{.380\, z - .163}{z^2 - 1.240\, z + .457}$$

(b) $b^{12} = .02$, $b^{\pi/a} = .10$ $\Big\}$, $\begin{cases} a = .444 \\ b = .722 \end{cases}$

$$T_b(z) = \dfrac{.348\, z - .131}{z^2 - 1.304\, z + .521}$$

(c) $b^{15} = .02$, $b^{\pi/a} = .20$ $\Big\}$, $\begin{cases} a = .510 \\ b = .770 \end{cases}$

$$T_c(z) = \dfrac{.328\, z - .079}{z^2 - 1.344\, z + .593}$$

6-4

(a) $T_a(z) = \dfrac{.380\,(z - .429)}{(z - .620)^2 + (.269)^2}$, $.620 \pm j\,.269$

(b) $T_b(z) = \dfrac{.348\,(z - .376)}{(z - .652)^2 + (.310)^2}$, $.652 \pm j\,.310$

(c) $T_c(z) = \dfrac{.328\,(z - .241)}{(z - .672)^2 + (.376)^2}$, $.672 \pm j\,.376$

6-5

Zero	Pole	P.O.%
.429	.620 + j.269	5
.299	.582 + j.344	10
.178	.539 + j.408	15
.061	.489 + j.467	20
-.052	.428 + j.524	25
-.161	.354 + j.576	30
-.263	.264 + j.623	35

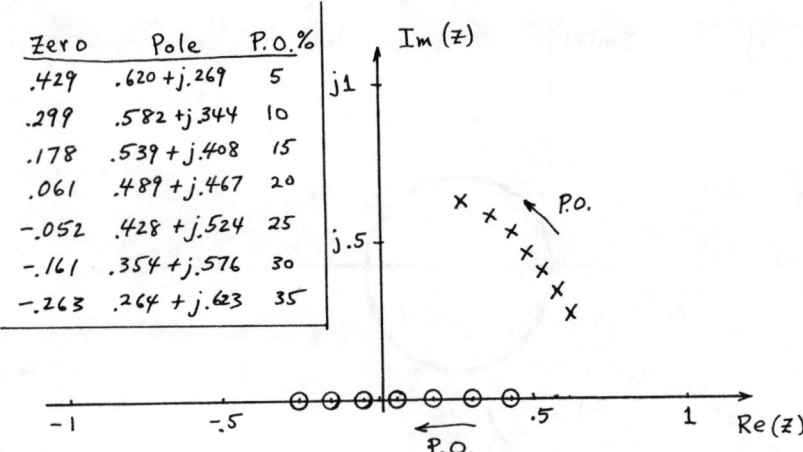

6-6

$N = \dfrac{t_s}{T}$	zero	pole
4	-.058	.088 + j.365
6	.084	.328 + j.404
8	.204	.482 + j.380
10	.299	.582 + j.344
12	.375	.652 + j.311
14	.436	.702 + j.281
16	.487	.740 + j.256
18	.530	.770 + j.234
20	.566	.793 + j.217

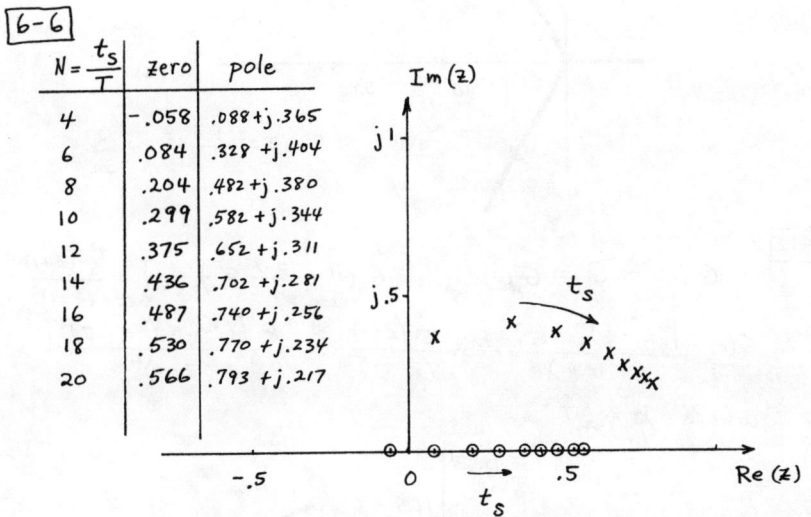

6-7 The number of finite zeros ≤ the number of poles.

6-8 G_a and G_c.

6-9 From Eq. (6-8), neglecting the z factor:

$$G_c(z) = \frac{(1 - b\cos a)z + b^2 - b\cos a}{1.60\,(z - 0.5)}$$

6-10 $G_c(z) = \dfrac{G_0(z)}{z-1}$, where $G_0(z)$ has no zero at $z=1$.

6-11

(a)

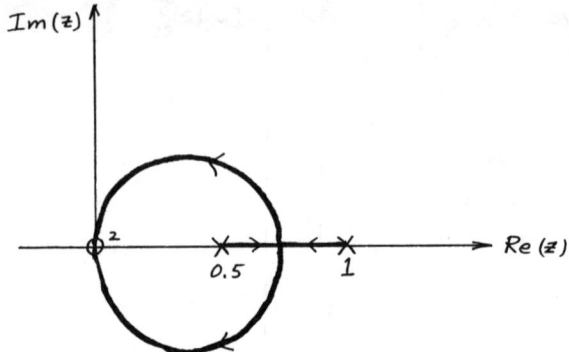

(b)

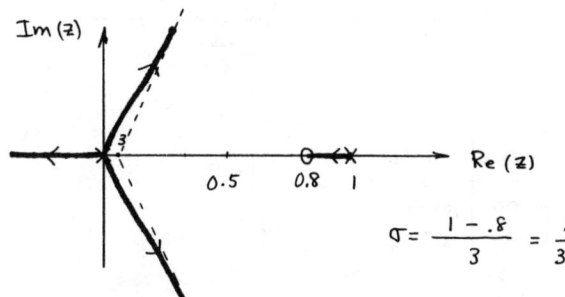

$\sigma = \dfrac{1-.8}{3} = \dfrac{2}{30}$

6-12

$G(z) = G_c(z)\, G_p(z)$, $\quad G_p(z) = \dfrac{z-1}{z}\, \mathcal{Z}\left\{\dfrac{1}{s^3}\right\} = \dfrac{\frac{T^2}{2}(z+1)}{(z-1)^2}$

$\therefore\ G(z) = \dfrac{[(z-\frac{1}{2})^2 + (\frac{1}{2})^2]}{z\,(z+1)} \cdot \dfrac{\frac{T^2}{2}(z+1)}{(z-1)^2} = \dfrac{k\,[(z-.5)^2 + (.5)^2]}{z\,(z-1)^2}$

where $k = \frac{1}{2}T^2$

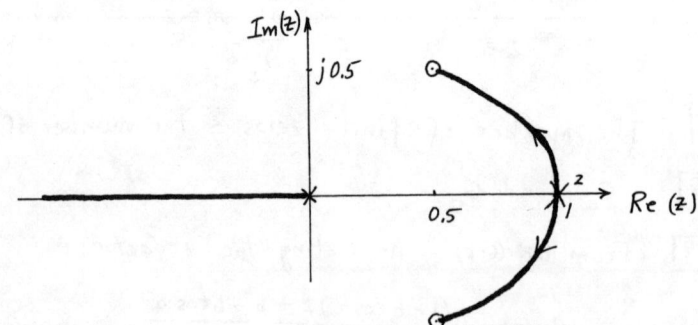

58

6-13 (a) From Eq.(6-2) the desired $T(z)$ is

$$T(z) = \frac{.539\,(z-.390)}{z^2 - .921\,z + .250}, \quad \text{— poles at } (.461 \pm j.195)$$

With only k, p and q as available parameters

Choose $\begin{cases} .25\,k = .539, \ (k = 2.16) \\ q = .390 \\ p = .200 \end{cases}$ — to match the numerator of $T(z)$ with that of $G_c G_p$.

The actual closed-loop transfer function $T_a(z)$ is then given by
$$T_a(z) = \frac{.539\,(z-.390)}{z^2 - .961\,z + .289}, \quad \text{— poles at } .481 \pm j.241$$

This is reasonably close!

(b) The desired transfer function achieves a settling time in less than 6 sample intervals with less than 1% peak overshoot to a step input.

To best match the parameters k, p and q with some acceptable $T(z)$ is an iterative process using, perhaps, the general guidelines of problems 6-5 or 6-6 (depending on which tolerance could be relaxed). Assuming p and q as specified in part (a),
$$G(z) = \frac{k'\,(z-.39)}{(z-1)(z-.5)}$$

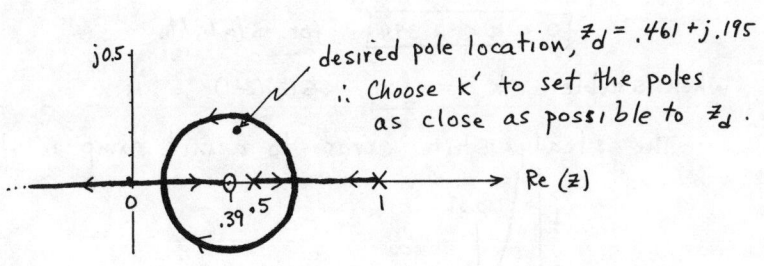

desired pole location, $z_d = .461 + j.195$
∴ Choose k' to set the poles as close as possible to z_d.

6-14 (a) $G_p(z) = \frac{z-1}{z} Z\{\frac{1}{s^2}\} = \frac{T}{z-1}$

$\therefore G(z) = \frac{T(z-.4)}{z(z-1)}$, open-loop gain.

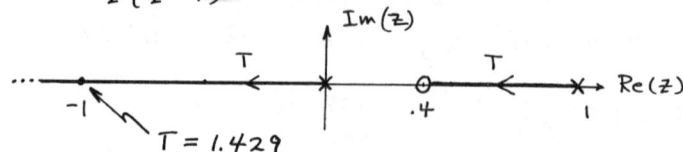

$T = 1.429$

(b) One pole has a unit magnitude when
$$T = \frac{1 \times 2}{1.4} = 1.429 \text{ sec. (max. T)}$$

6-15 (a) $G_p(z) = \frac{z-1}{z} Z\{\frac{1}{s^2(s+1)}\}\Big|_{T=1} = \frac{.3679(z+.7183)}{(z-1)(z-.3679)}$

Root-locus with $K > 0$:

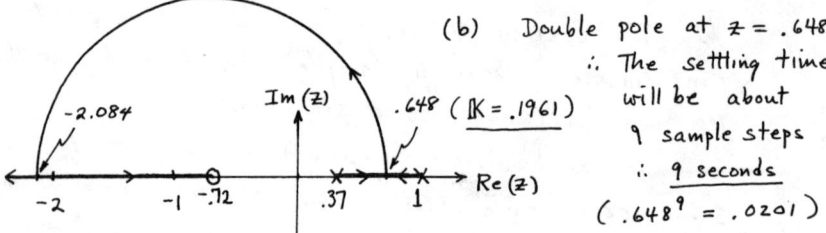

(b) Double pole at $z = .648$
$\therefore$ The settling time will be about 9 sample steps
$\therefore$ 9 seconds
$(.648^9 = .0201)$

6-16 First check stability:

Char. Eqn: $0 = 1 + KG(z) = z^2 + (.368K - 1.368)z + (.264K + .368)$

$F(1) = .632K > 0$, $K > 0$

$F(-1) = -.104K + 2.736 > 0$, $K < 26.31$

and $|.264K + .368| < 1$, $K < 2.394$

$\therefore$ $\boxed{0 < K < 2.394}$ for stability

When stable, $K_v = \lim_{z \to 1} KG(z)(z-1) = K$

$\therefore$ The steady-state error to a unit ramp is $\frac{1}{K}$

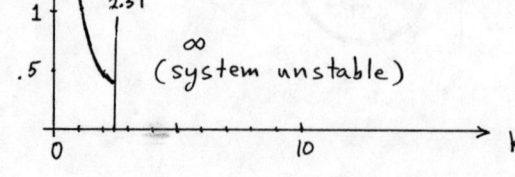

CHAPTER 7

7-1

(a) $\mathcal{C} = \begin{bmatrix} 0 & 2 \\ 1 & 3 \end{bmatrix}$, rank $\mathcal{C} = 2 = n$
∴ Controllable

(b) $\mathcal{C} = \begin{bmatrix} 0 & 0 & 1 & 0 & -2 & 0 \\ 1 & 0 & -1 & 0 & 1 & 0 \\ 0 & 1 & 0 & 1 & 0 & 1 \end{bmatrix}$, rank $\mathcal{C} = 3 = n$
(1st 3 cols. indep.)
∴ Controllable

Also, could recognize Jordan form with an input to each Jordan block.

7-2

(a) $T_a(z) = C(zI-A)^{-1}B = \dfrac{2}{z^2 - 3z + 2}$

(b) $T_b(z) = \begin{bmatrix} 1 & 0 & 0 \\ 0 & 1 & 0 \end{bmatrix} \dfrac{\begin{bmatrix} (z+1)(z-1) & (z-1) & 0 \\ 0 & (z+1)(z-1) & 0 \\ 0 & 0 & (z+1)^2 \end{bmatrix}}{(z+1)^2 (z-1)} \begin{bmatrix} 0 & 0 \\ 1 & 0 \\ 0 & 1 \end{bmatrix}$

$T_b(z) = \dfrac{\begin{bmatrix} (z-1) & 0 \\ (z+1)(z-1) & 0 \end{bmatrix}}{(z+1)^2 (z-1)}$

An uncontrollable mode will appear as a cancellation in a transfer function - thereby reducing the expected order of the transfer fn.

7-3

$\dfrac{Y(z)}{U(z)} = \dfrac{z^2 + (p+1)z + p}{(z-1)(z-2)(z-3)} = \dfrac{p+1}{z-1} + \dfrac{-3(p+2)}{z-2} + \dfrac{2(p+3)}{z-3}$

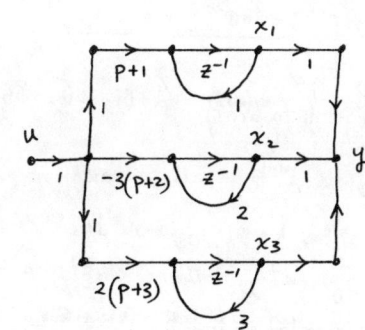

$\begin{cases} \underline{x}(k+1) = \begin{bmatrix} 1 & 0 & 0 \\ 0 & 2 & 0 \\ 0 & 0 & 3 \end{bmatrix} \underline{x}(k) + \begin{bmatrix} p+1 \\ -3(p+2) \\ 2(p+3) \end{bmatrix} u \\ y(k) = \begin{bmatrix} 1 & 1 & 1 \end{bmatrix} \underline{x}(k) \end{cases}$

System can be uncontrollable if any mode remains unexcited
∴ If $p = -1, -2, -3$, the system could be uncontrollable.

7-4 $\underline{x}(1) = A \underline{x}(0)^{\cancel{0}} + B u(0) \quad \therefore R_1 = \text{span } B$

$\underline{x}(2) = AB u(0) + B u(1) \quad \therefore R_2 = \text{span } \{B, AB\}$

$\underline{x}(3) = A^2 B u(0) + AB u(1) + B u(2) \quad \therefore R_3 = \text{span } \{B, AB, A^2B\}$

$\underline{x}(4) = A^3 B u(0) + A^2 B u(1) + AB u(2) + B u(3)$

$\therefore R_4 = \text{span } \{B, AB, A^2B, A^3B\}$

$\therefore R_1 = \text{sp} \begin{bmatrix} 1 \\ 0 \\ 0 \\ 0 \end{bmatrix}, \quad R_2 = \text{sp} \begin{bmatrix} 1 \\ 0 \\ 0 \\ 0 \end{bmatrix}, \begin{bmatrix} 1 \\ 1 \\ 0 \\ 0 \end{bmatrix}, \quad R_3 = \text{sp} \begin{bmatrix} 1 \\ 0 \\ 0 \\ 0 \end{bmatrix}, \begin{bmatrix} 1 \\ 1 \\ 0 \\ 0 \end{bmatrix}, \begin{bmatrix} 3 \\ 1 \\ 1 \\ 0 \end{bmatrix}$

and $R_4 = $ the full state space (since system controllable)

7-5 $\dot{\underline{x}} = \begin{bmatrix} 0 & 1 \\ -1 & 0 \end{bmatrix} \underline{x} + \begin{bmatrix} 0 \\ 1 \end{bmatrix} u$

$(sI - A)^{-1} = \begin{bmatrix} s & -1 \\ 1 & s \end{bmatrix}^{-1} = \dfrac{\begin{bmatrix} s & 1 \\ -1 & s \end{bmatrix}}{s^2+1} \rightarrow \begin{bmatrix} \cos t & \sin t \\ -\sin t & \cos t \end{bmatrix}$

$\dfrac{1}{s}(sI-A)^{-1} B = \dfrac{\begin{bmatrix} 1 \\ s \end{bmatrix}}{s(s^2+1)} \rightarrow \begin{bmatrix} 1 - \cos t \\ \sin t \end{bmatrix}$

$\xi = \begin{bmatrix} (1-\cos T) & (\cos T - \cos^2 T + \sin^2 T) \\ \sin T & (-\sin T + 2 \sin T \cos T) \end{bmatrix}$

$\det \xi = s[(1-c)(2c-1) - c(1-c) - s^2] = -s\{(c-1)(2c-1-c) + s^2\}$

$= -2s(1-c) = -2\sin T [1-\cos T] \quad , \quad \begin{cases} s = \sin T \\ c = \cos T \end{cases}$

$\therefore$ The system is uncontrollable for $T = n\pi$; $n = 0, 1, 2, \cdots$.

7-6 $\underline{x}(k+1) = A \underline{x}(k) + B \underline{u}(k)$ } $\underline{x}(k+1) = (A+BF) \underline{x}(k) + BG \underline{v}(k)$
$\underline{u}(k) = F \underline{x}(k) + G \underline{v}(k)$

Open-loop: $\xi_0 = [B \; AB \; A^2B \; \cdots \; A^{n-1}B]$ has rank n.

$\therefore$ There exists a sequence $\{\underline{u}(k)\}$, $k = 0, 1, \cdots, n-1$ such that $\underline{x}(0)$ is driven to $\underline{0}$. Consequently, there exists a sequence $\{\underline{v}(k)\}$ for $\underline{x}(k+1) = A\underline{x}(k) + B[F\underline{x}(k) + G\underline{v}(k)]$

if G is non singular: $\underline{u}(k) = F\underline{x}(k) + G\underline{v}(k) \Rightarrow \underline{v}(k) = G^{-1}[\underline{u}(k) - F\underline{x}(k)]$

7-7 (a) $\mathcal{C}_1 = \begin{bmatrix} 1 & p \\ p & -1-2p \end{bmatrix}$, $\det \mathcal{C}_1 = -(p+1)^2$

∴ S_1 is controllable except for $p = -1$
S_2 is always controllable

(b) $u(k) = r(k) - z(k)$
$v(k) = y(k) = x_1(k)$

$\begin{bmatrix} x_1 \\ x_2 \\ w \end{bmatrix}_{k+1} = \begin{bmatrix} 1 & 1 & -1 \\ (p-1) & -2 & -p \\ 1 & 0 & 1 \end{bmatrix} \begin{bmatrix} x_1 \\ x_2 \\ w \end{bmatrix}_k + \begin{bmatrix} 1 \\ p \\ 0 \end{bmatrix} r(k)$

$\mathcal{C} = \begin{bmatrix} 1 & 1+p & -1 \\ p & -(1+p) & (1+p)^2 - p \\ 0 & 1 & 2+p \end{bmatrix} = -(p+1)^2(p+3)$

∴ The composite system is uncontrollable for $p = -1, -3$.

7-8 $y(t) = p_1 t + p_2$

$\begin{bmatrix} 0 & 1 \\ 1 & 1 \\ 2 & 1 \\ 3 & 1 \end{bmatrix} \begin{bmatrix} p_1 \\ p_2 \end{bmatrix} = \begin{bmatrix} 3 \\ 4 \\ 2 \\ 1 \end{bmatrix}$, premultiplying by A^T: $\begin{bmatrix} 14 & 6 \\ 6 & 4 \end{bmatrix} \begin{bmatrix} p_1 \\ p_2 \end{bmatrix} = \begin{bmatrix} 11 \\ 10 \end{bmatrix}$

   A   b   ∴ $\begin{bmatrix} p_1 \\ p_2 \end{bmatrix} = \begin{bmatrix} -0.8 \\ 3.7 \end{bmatrix}$

7-9 Discrete-Time system:

$G(z) = \frac{z-1}{z} \mathcal{Z}\left\{\frac{1}{s(s+a)}\right\} = \frac{(1-e^{-aT})/a}{z - e^{-aT}}$

∴ $c(k+1) = e^{-aT} c(k) + \frac{1}{a}(1-e^{-aT}) r_0$, $\begin{cases} R(z) = r_0 \\ r(k) = r_0 \delta(k) \end{cases}$

For $k = 0$
$c(1) \equiv 0 = e^{-aT} c(0) + \frac{1}{a}(1-e^{-aT}) r_0$

∴ $r_0 = \frac{-e^{-aT} c(0)}{\frac{1}{a}(1-e^{-aT})} = \frac{a\, c(0)}{1 - e^{aT}}$

Since $c(T) = 0$ and $r(t) \equiv 0$ for $t \geq T$; $\underline{c(t) = 0, \; t \geq T}$.

7-10 Assume $\underline{x}(0) = \begin{bmatrix} a \\ b \end{bmatrix}$. Since

(a)
$$\underline{x}(2) = \underline{0} = A^2 \underline{x}(0) + AB\,u(0) + B\,u(1),$$

$$\underline{0} = \begin{bmatrix} -2 & -1 \\ 2 & -1 \end{bmatrix}\begin{bmatrix} a \\ b \end{bmatrix} + \begin{bmatrix} 1 & 0 \\ -1 & 1 \end{bmatrix}\begin{bmatrix} u(0) \\ u(1) \end{bmatrix}$$

(Unique soln.) $\begin{bmatrix} u(0) \\ u(1) \end{bmatrix} = \begin{bmatrix} 2 & 1 \\ 0 & 2 \end{bmatrix}\begin{bmatrix} a \\ b \end{bmatrix} = \begin{bmatrix} 2a+b \\ 2b \end{bmatrix}.$

(b) $\underline{x}(3) = \underline{0} = A^3 \underline{x}(0) + A^2 B\,u(0) + AB\,u(1) + B\,u(2)$

$-\begin{bmatrix} A^2B & AB & B \end{bmatrix}\begin{bmatrix} u(0) \\ u(1) \\ u(2) \end{bmatrix} = A^3 \underline{x}(0)$

$\begin{bmatrix} 1 & -1 & 0 \\ 1 & 1 & -1 \end{bmatrix}\underline{U} = \begin{bmatrix} 2 & -1 \\ 2 & 3 \end{bmatrix}\begin{bmatrix} a \\ b \end{bmatrix}$

(Not a unique soln.)   Using Eq.(7-17),

$\begin{bmatrix} u(0) \\ u(1) \\ u(2) \end{bmatrix} = \underline{U} = \begin{bmatrix} 5/3 & 1/2 \\ -1/3 & 3/2 \\ -2/3 & -1 \end{bmatrix}\begin{bmatrix} a \\ b \end{bmatrix} = \begin{bmatrix} 5a/3 + b/2 \\ -a/3 + 3b/2 \\ -2a/3 - b \end{bmatrix}$

is the minimum "length" solution.

7-11 Control energy (Eq. 7-20)

(a) For convenience take $a = b = 1$

$E_u = \begin{bmatrix} 3 & 2 \end{bmatrix}\begin{bmatrix} 3 \\ 2 \end{bmatrix} = 13$

(b) $E_u = \begin{bmatrix} \frac{5}{3}+\frac{1}{2}, & \frac{3}{2}-\frac{1}{3}, & -\frac{5}{3} \end{bmatrix}\begin{bmatrix} 13/6 \\ 7/6 \\ -5/3 \end{bmatrix} \cong 8.83$

As expected, more time (steps) allowed for control corresponds to reduced control energy.

7-12

(a) $G(z) = \frac{z-1}{z} Z\left\{\frac{1}{s(s+2)}\right\} = \frac{(1-e^{-2T})/2}{z - e^{-2T}}$

(T = 1)

$G(z) = \frac{0.4323}{z - 0.1353} = \frac{C(z)}{U(z)}$

(2-steps) $c(k+1) = .1353\, c(k) + .4323\, u(k)$

$c(2) = 0 = (.1353)^2 c(0) + [.0585 \quad .4323] \begin{bmatrix} u(0) \\ u(1) \end{bmatrix}$

(Min. norm soln.) $u(0) = -.0056\, c(0)$
$u(1) = -.0416\, c(0)$

(3-steps) $c(3) = 0 = a^3 c(0) + [a^2 b \quad ab \quad b] \begin{bmatrix} u(0) \\ u(1) \\ u(2) \end{bmatrix}$

where $a = .1353$, $b = .4323$

(Min. norm soln.) $u(0) = -.0001\, c(0)$
$u(1) = -.0008\, c(0)$
$u(2) = -.0056\, c(0)$

(b) With $c(0) = 1$

$\begin{cases} E_2 = .0018 \\ E_3 = .000032 \end{cases}$ $\begin{array}{l} E_3 < E_2 \\ \text{(--as expected)} \end{array}$

7-13

(T = 0.1) $G(z) = \frac{.0906}{z - .8187}$

(a) 2-steps:
$c(k+1) = a\, c(k) + b\, u(k)$

($a = .8187$, $b = .0906$)

$[ab \quad b]\begin{bmatrix} u(0) \\ u(1) \end{bmatrix} = -a^2 c(0)$

Min. norm soln. $\begin{bmatrix} u(0) \\ u(1) \end{bmatrix} = \begin{bmatrix} -3.63 \\ -4.43 \end{bmatrix} c(0)$

3-steps: $[a^2 b \quad ab \quad b]\begin{bmatrix} u(0) \\ u(1) \\ u(2) \end{bmatrix} = -a^3 c(0)$

$\begin{bmatrix} u(0) \\ u(1) \\ u(2) \end{bmatrix} = \begin{bmatrix} -1.91 \\ -2.34 \\ -2.86 \end{bmatrix} c(0)$

(b) $E_2 = 32.75$, $E_3 = 17.30$ (with $c(0) = 1$).
Increased control energy (for faster regulation).

7-14

$$\frac{\theta_c}{V_c} = \frac{50}{s(s+34.5)}$$

State model:

$$\begin{cases} \dot{x} = \begin{bmatrix} 0 & 1 \\ 0 & -34.5 \end{bmatrix} x + \begin{bmatrix} 0 \\ 1 \end{bmatrix} V_c \\ \theta_c = \begin{bmatrix} 50 & 0 \end{bmatrix} x \end{cases}$$

Discrete-Time Equivalent (T = 0.01 sec.)

$$\underline{x}(k+1) = \begin{bmatrix} 1 & .00846 \\ 0 & .708 \end{bmatrix} \underline{x}(k) + \begin{bmatrix} .0000435 \\ .00846 \end{bmatrix} v_c(k)$$

1. Minimum number of steps is 2.

2. $\theta_c(2) = 1$, $\dot{\theta}_c(2) = 0$ } $50\, x_1(2) = 1$, $x_2(2) = 0$ $\therefore \underline{x}(2) = \begin{bmatrix} .02 \\ 0 \end{bmatrix}$

3. $\underline{x}(2) = A\,\underline{x}(2) + B\,v_c(k)$ for $k \geq 2$
   $\therefore v_c(k) = 0$ for $k \geq 2$, (no input is required to hold the steady-state).

4. Solving for $v_c(0)$ and $v_c(1)$ to reach $\underline{x}(2)$ from $\underline{x}(0) = \underline{0}$,
   $$\begin{bmatrix} v_c(0) \\ v_c(1) \end{bmatrix} = \begin{bmatrix} 236.6 \\ -167.4 \end{bmatrix}$$

5. The corresponding state trajectory is:
   $$\begin{bmatrix} 0 \\ 0 \end{bmatrix} \xrightarrow{v_c(0)} \begin{bmatrix} .01058 \\ 2 \end{bmatrix} \xrightarrow{v_c(1)} \begin{bmatrix} .02 \\ 0 \end{bmatrix}$$

6. The error $e(k) = r(k) - \theta_c(k)$ is:
   $e(0) = 1 - 0 = 1$, $e(1) = 1 - .529 = .471$

   $$\therefore D(z) = \frac{236.6 - 167.4\,z^{-1}}{1 + .471\,z^{-1}} = \boxed{\frac{236.6\,z - 167.4}{z + 0.471}}$$

(b) $r(t) = 1(t) - 1(t - .05)$
   $\therefore r(k) = \{1, 1, 1, 1, 1, 0, 0, 0, \cdots\}$

Since $r(t)$ is initially a unit-step,

$$v_c(t) = 236.6 \, 1(t) - 403.8 \, 1(t-.01) + 167.2 \, 1(t-.02)$$

for $0 \leq t < .05$.

At $t = .05$ $r(t)$ returns to zero.

$$\therefore v_c(t) = -236.6 \, 1(t-.05) + 403.8 \, 1(t-.06)$$
$$- 167.2 \, 1(t-.07) \quad , \quad t \geq .05.$$

Using the simulation techniques of Ch. 4, the response $\theta_c(t)$ is shown below.

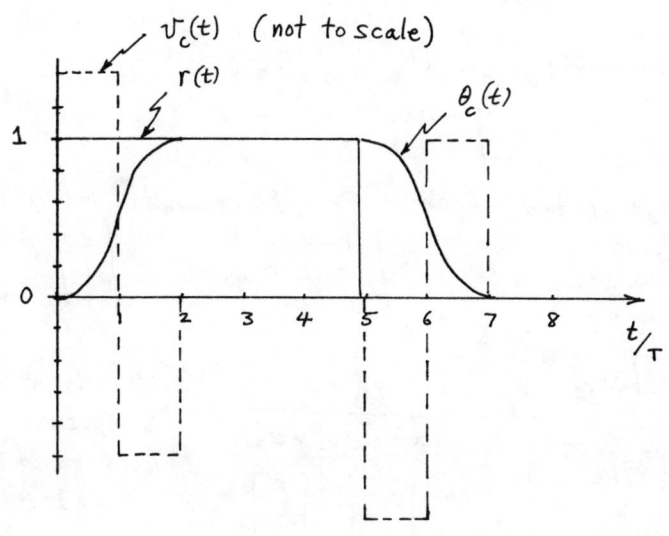

7-15

$$\underline{x}(k+1) = \begin{bmatrix} 0 & 1 \\ 0 & 0 \end{bmatrix} \underline{x}(k) + \begin{bmatrix} 0 \\ 1 \end{bmatrix} u(k)$$

Desired char. poly.: $(z+.5)^2 + (.5)^2 = z^2 + z + .5$

$$A + BF = \begin{bmatrix} 0 & 1 \\ f_1 & f_2 \end{bmatrix} \quad , \quad F = [f_1, f_2]$$

Char. poly.: $z^2 - f_2 z - f_1$ $\quad \therefore F = [-.5, -1]$.

7-16 (a) $\mathscr{C} = \begin{bmatrix} B & AB & A^2B \end{bmatrix} = \begin{bmatrix} 1 & 1 & 1 & 1 & 1 & 0 \\ 1 & 0 & 2 & 1 & \cdots \\ 0 & -1 & 0 & -1 \end{bmatrix}$

$\underbrace{}_{B} \quad \underbrace{}_{AB}$

The determinant of the first 3 columns of $\mathscr{C} = 1$ ∴ System is <u>controllable</u>.

(b) $\mathscr{C}_1 = \begin{bmatrix} b_1 & Ab_1 & A^2b_1 \end{bmatrix} = \begin{bmatrix} 1 & 1 & 1 \\ 1 & 2 & 4 \\ 0 & 0 & 1 \end{bmatrix}$, $\det \mathscr{C}_1 = 1$

$\mathscr{C}_2 = \begin{bmatrix} b_2 & Ab_2 & A^2b_2 \end{bmatrix} = \begin{bmatrix} 1 & 0 & -1 \\ 0 & 1 & 3 \\ -1 & -1 & 1 \end{bmatrix}$, $\det \mathscr{C}_2 = 3$

∴ System is controllable from each input.

7-17 Using $\underline{\alpha} = \begin{bmatrix} 1 & 1 \end{bmatrix}^T$ in Eq. (7-60),

$F = \begin{bmatrix} -.125 & 0 & -1.25 \\ -.125 & 0 & -1.25 \end{bmatrix}$

– Calculated from "Pole Placement" in Appen. D with

$\underline{x}(k+1) = \begin{bmatrix} 1 & 0 & 0 \\ 0 & 0 & 0 \\ 0 & 0 & -1 \end{bmatrix} \underline{x}(k) + \begin{bmatrix} 3 \\ 1 \\ 4 \end{bmatrix} u_s(k)$.

7-18 (a) $\dfrac{Y}{U} = \dfrac{4z+2}{z^3 + 3z^2 + 2z}$, "Resolvent Matrix" in Appen. D can be used to obtain $(zI-A)^{-1}$

$\begin{cases} \underline{x}_c(k+1) = \begin{bmatrix} 0 & 1 & 0 \\ 0 & 0 & 1 \\ 0 & -2 & -3 \end{bmatrix} \underline{x}_c(k) + \begin{bmatrix} 0 \\ 0 \\ 1 \end{bmatrix} u(k) \\ y(k) = \begin{bmatrix} 2 & 4 & 0 \end{bmatrix} \underline{x}_c(k) \end{cases}$

(b) The transfer matrix: $\dfrac{\begin{bmatrix} (2z^2 - 3z + 4) \\ (z^2 - 2z + 1) \end{bmatrix}}{z^3 - 3z^2 + 4z - 3}$

$\begin{cases} \underline{x}_c(k+1) = \begin{bmatrix} 0 & 1 & 0 \\ 0 & 0 & 1 \\ 3 & -4 & 3 \end{bmatrix} \underline{x}_c(k) + \begin{bmatrix} 0 \\ 0 \\ 1 \end{bmatrix} u(k) \\ \underline{y}(k) = \begin{bmatrix} 4 & -3 & 2 \\ 1 & -2 & 1 \end{bmatrix} \underline{x}_c(k). \end{cases}$

7-19 (a)
$$\begin{cases} \underline{x}_a(k+1) = \begin{bmatrix} 0 & 1 \\ 1 & 0 \end{bmatrix} \underline{x}_a(k) + \begin{bmatrix} 0 \\ 1 \end{bmatrix} u(k) \\ y(k) = \begin{bmatrix} 1 & 2 \end{bmatrix} \underline{x}_a(k) \end{cases}$$

Note that $y(k)$ and $y(k+1)$ cannot serve as state vars. since a shifted version of $u(k)$ is present.

$$\begin{cases} \underline{x}_b(k+1) = \begin{bmatrix} -\frac{1}{2} & 1 \\ -1 & \frac{1}{2} \end{bmatrix} \underline{x}_b(k) + \begin{bmatrix} -1 \\ 1 \end{bmatrix} u(k) \\ y(k) = \begin{bmatrix} 0 & 2 \end{bmatrix} \underline{x}_b(k) + \begin{bmatrix} -2 \end{bmatrix} u(k) \end{cases}$$

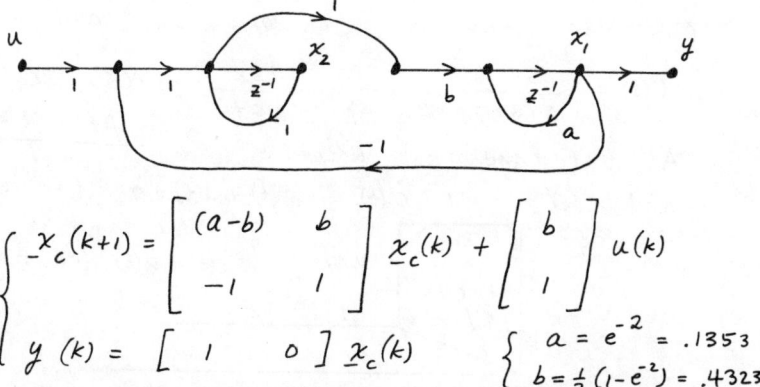

$$\begin{cases} \underline{x}_c(k+1) = \begin{bmatrix} (a-b) & b \\ -1 & 1 \end{bmatrix} \underline{x}_c(k) + \begin{bmatrix} b \\ 1 \end{bmatrix} u(k) \\ y(k) = \begin{bmatrix} 1 & 0 \end{bmatrix} \underline{x}_c(k) \end{cases} \quad \begin{cases} a = e^{-2} = .1353 \\ b = \frac{1}{2}(1-e^{-2}) = .4323 \end{cases}$$

(b) Characteristic polynomial = $z^2 - 1.1974\, z + .4225$

Using "Pole Placement", Appendix D,

$F_a = [-.2251 \quad -.2251]$

$F_b = [-.4895 \quad .7079]$

$F_c = [-15.87 \quad 7.197]$

7-20
(a) $G(z) = \dfrac{1-e^{-1}}{z-e^{-1}} = \dfrac{b}{z-a}$, $\begin{cases} a = .3679 \\ b = .6321 \end{cases}$

$\dot{c} = -c + u$, $c(k+1) = a\, c(k) + b\, u(k)$

For a unit-step input: With $c(0) = 0$, $c(1) = 1$,

$c(1) = 1$, $\dot{c}(1) = 0$ $u(0) = \dfrac{1}{b} = 1.582$

Error: $e(0) = r(1) - c(1) = 1$
         $e(1) = 1 - 1 = 0$

For $\dot{c}(t) = 0$, $t \geq 1$ $\longrightarrow$ $u(t) = 1$ for $t \geq 1$.

$\therefore D(z) = \dfrac{U(z)}{E(z)} = \dfrac{1.582 + z^{-1} + z^{-2} + \cdots}{1} = \boxed{\dfrac{1.582\, z + .582}{z - 1}}$

(Structured as in Fig. P7-14.)

(b) For $r(t) = 1(t)$, $u(0) = 1.582$ and

$C(s) = \dfrac{1.582}{s(s+1)} = \dfrac{1.582}{s} - \dfrac{1.582}{s+1}$, $\therefore c(t) = 1.582(1 - e^{-t})$

for $0 \leq t \leq 1$.

At $t = 1$ (and $t > 1$) $u(t) = 1$

and $c(t) = 1$ $\therefore \dot{c}(t) = -c(t) + u(t) = 0$, (no change).

[sketch: axes with $c(t)$ rising to 1.582 then leveling at $c(t) = u(t)$ ($r(t) = 1(t)$); $u(t)$ shown; time axis marked 0, 1, 2, 3]

7-21   Let $x_1 = y$, $x_2 = \dot{y}$

(a) $\dot{\underline{x}} = \begin{bmatrix} 0 & 1 \\ -1 & 0 \end{bmatrix} \underline{x} + \begin{bmatrix} 0 \\ 1 \end{bmatrix} u$

$\underline{x}(k+1) = \begin{bmatrix} \cos 1 & \sin 1 \\ -\sin 1 & \cos 1 \end{bmatrix} \underline{x}(k) + \begin{bmatrix} 1-\cos 1 \\ \sin 1 \end{bmatrix} u(k)$

$= \begin{bmatrix} .5403 & .8415 \\ -.8415 & .5403 \end{bmatrix} \underline{x}(k) + \begin{bmatrix} .4597 \\ .8415 \end{bmatrix} u(k)$

Require $\underline{x}(2) = \begin{bmatrix} 1 \\ 0 \end{bmatrix} = \begin{bmatrix} .5403 & .8415 \\ -.8415 & .5403 \end{bmatrix} \begin{bmatrix} 1 \\ 0 \end{bmatrix} + \begin{bmatrix} .4597 \\ .8415 \end{bmatrix} u(2)$

$\therefore u(2)$, and therefore $u(t) = 1$ for $t \geq 2$.

Solving for $u(0), u(1)$ (with $\underline{x}(0) = \underline{0}$ assumed)

$$\underline{x}(2) = AB\, u(0) + B\, u(1)$$

$$\begin{bmatrix} .9564 & .4597 \\ .0678 & .8415 \end{bmatrix} \begin{bmatrix} u(0) \\ u(1) \end{bmatrix} = \begin{bmatrix} 1 \\ 0 \end{bmatrix} \Rightarrow \begin{bmatrix} u(0) \\ u(1) \end{bmatrix} = \begin{bmatrix} 1.0877 \\ -.0877 \end{bmatrix}$$

$$\therefore U(z) = u(0) + u(1)\,z^{-1} + z^{-2}(1 + z^{-1} + z^{-2} + \cdots)$$
$$= \frac{1.0877\,z^2 - 1.1754\,z + 1.0877}{z\,(z-1)}$$

Error sequence:

$e(0) = 1$, $\quad e(1) = 1 - x_1(1) = 1 - .5 = .5$

$\underline{x}(1) = \begin{bmatrix} .5 \\ .9153 \end{bmatrix}$, $\quad \underline{x}(2) = \begin{bmatrix} 1 \\ x \end{bmatrix}$

$\therefore E(z) = 1 + .5\,z^{-1} = \dfrac{z + .5}{z}$

$$D(z) = \frac{U(z)}{E(z)} = \boxed{\frac{1.088\,z^2 - 1.175\,z + 1.088}{(z-1)(z+.5)}}$$

(b)

$\boxed{7\text{-}22}$ (a)

$x_1'(k+1) = \frac{1}{2} x_1'(k) + x_2(k)$

$x_1(k) = \frac{3}{2} x_1'(k) + 3 x_2(k)$ $\quad$ (+30 u(k))

$\therefore x_1(k+1) = \frac{1}{2} x_1(k) + \frac{21}{4} x_2(k) + 6 x_3(k)$

Similarly, $(x_2(k) = 4 x_2'(k) + 2 x_3(k))$

$x_2(k+1) = 2 x_2(k) + 2 x_3(k) + 10\, u(k)$

$x_3(k+1) = x_3(k) + 5 \cdot u(k)$

$\underline{x}(k+1) = \begin{bmatrix} \frac{1}{2} & \frac{21}{4} & 6 \\ 0 & 2 & 2 \\ 0 & 0 & 1 \end{bmatrix} \underline{x}(k) + \begin{bmatrix} 30 \\ 10 \\ 5 \end{bmatrix} u(k)$

$y(k) = \begin{bmatrix} 1 & 0 & 0 \end{bmatrix} \underline{x}(k)$

71

7-22 (b) Choose $p_d(z) = z(z-.675)^2$
$$= z^3 - 1.35 z^2 + .456 z$$

Since $(.675)^{10} = .02$.

$$\bar{A} = A + BF = \begin{bmatrix} \frac{1}{2} & \frac{3}{2} & 0 \\ 0 & 2 & 4 \\ 5f_1 & 5f_2 & 1+5f_3 \end{bmatrix}$$

$\therefore \det(zI - \bar{A}) \stackrel{set}{=} p_d(z)$
(or by "Pole placement", App. D)

$F = [-.00413, -3.263, -6.214]$

7-23 The dc gain is $G \cdot H(1) = G\left(\frac{1.2}{.75}\right) \stackrel{set}{=} 1$

(The system is stable with poles: $-.5, .5 \pm j.5$)

$\therefore G = \frac{.75}{1.2} = \boxed{0.625}$

7-24 The d.c. gain is $T(1) G \stackrel{set}{=} \begin{bmatrix} 1 & 0 \\ 0 & 1 \end{bmatrix}$

$T(1) G = \begin{bmatrix} 1.11 & -4 \\ 1.60 & 1.33 \end{bmatrix} G = I, \therefore G = \begin{bmatrix} .169 & .508 \\ -.203 & .141 \end{bmatrix}$

7-25 $A = \begin{bmatrix} 1 & 2 \\ 0 & 3 \end{bmatrix}$ $\therefore$ Eigenvalues are $\lambda_1 = 1, \lambda_2 = 3$

Eigenvectors: $(A - \lambda_i I) \underline{m}_i = \underline{0}$: $\underline{m}_1 = \begin{bmatrix} 1 \\ 0 \end{bmatrix}, \underline{m}_2 = \begin{bmatrix} 1 \\ 1 \end{bmatrix}$

$\therefore$ With $\underline{x}(k) = [\underline{m}_1, \underline{m}_2] \underline{\xi}(k)$,

$\begin{cases} \underline{\xi}(k+1) = \begin{bmatrix} 1 & 0 \\ 0 & 3 \end{bmatrix} \underline{\xi}(k) + \begin{bmatrix} -1 \\ 1 \end{bmatrix} u(k) \\ y(k) = [1 \quad 1] \underline{\xi}(k) \end{cases}$, Modal system.

In terms of Eqs. (7-53) and (7-54)

$\underline{x}(k) = \underbrace{\begin{bmatrix} 1 \\ 0 \end{bmatrix} \xi_1(k)}_{\text{Mode 1}} + \underbrace{\begin{bmatrix} 1 \\ 1 \end{bmatrix} \xi_2(k)}_{\text{Mode 2}}$, $\begin{cases} \xi_1(k+1) = \xi_1(k) - u(k) \\ \xi_2(k+1) = 3\xi_2(k) + u(k) \end{cases}$

Modes are controllable but unstable. $\begin{cases} g_1(k) = -u(k) \\ g_2(k) = u(k) \end{cases}$

7-26 Eigenvalues: $\det(\lambda I - A) = \lambda^3 - 3\lambda^2 + 4\lambda - 3$

Roots: $\lambda_1 = 1.6823$, $\lambda_{2,3} = .6588 \pm j\,1.1615$

Eigenvectors: $(A - \lambda_i I)\underline{m}_i = \underline{0}$; $i = 1, 2, 3$

$$\underline{m}_1 = \begin{bmatrix} 1 \\ 2.15 \\ 0.68 \end{bmatrix}, \quad \underline{m}_2 = \begin{bmatrix} 1 \\ -.57 + j.37 \\ -.34 + j\,1.16 \end{bmatrix}, \quad \underline{m}_3 = \begin{bmatrix} 1 \\ -.57 - j.37 \\ -.34 - j\,1.16 \end{bmatrix}$$

$\underline{x}(k) = [\underline{m}_1\ \underline{m}_2\ \underline{m}_3]\,\underline{\xi}(k)$, $\quad \xi_i(k+1) = \lambda_i\,\xi_i(k) + g_i(k)$

where, $\hspace{5cm}$ for $i = 1, 2, 3$.

$g_1(k) = .610\, u_1(k) + .326\, u_2(k)$

$g_2(k) = (.195 + j.122)\,u_1(k) + (.337 + j.428)\,u_2(k)$

$g_3(k) = (.195 - j.122)\,u_1(k) + (.337 - j.428)\,u_2(k)$

7-27 From the diagram in 7-22 (a) with $\underline{x} = \begin{bmatrix} x_1' \\ x_2' \\ x_3 \end{bmatrix}$:

$$\begin{cases} \underline{x}(k+1) = \begin{bmatrix} \frac{1}{2} & 4 & 2 \\ 0 & 2 & 1 \\ 0 & 0 & 1 \end{bmatrix} \underline{x}(k) + \begin{bmatrix} 0 \\ 0 \\ 5 \end{bmatrix} u(k) \\ y(k) = \begin{bmatrix} \frac{3}{2} & 12 & 6 \end{bmatrix} \underline{x}(k) \end{cases}$$

Eigenvalues: $\lambda_1 = \frac{1}{2}$, $\lambda_2 = 2$, $\lambda_3 = 1$ (by inspection).
Eigenvectors:

$M = [\underline{m}_1\ \underline{m}_2\ \underline{m}_3] = \begin{bmatrix} 1 & 8 & 4 \\ 0 & 3 & 1 \\ 0 & 0 & -1 \end{bmatrix}$, $\quad \underline{x}(k) = M\,\underline{\xi}(k)$

where $\begin{cases} \underline{\xi}(k+1) = \begin{bmatrix} \frac{1}{2} & 0 & 0 \\ 0 & 2 & 0 \\ 0 & 0 & 1 \end{bmatrix} \underline{\xi}(k) + \begin{bmatrix} 20/3 \\ 5/3 \\ -5 \end{bmatrix} u(k) \\ y(k) = \begin{bmatrix} \frac{3}{2} & 48 & 12 \end{bmatrix} \underline{\xi}(k) \end{cases}$

7-28 The left eigenvectors of A = right eigenvecs. of A^T.

$\lambda_1 = 1$, $(A^T - I)\underline{x}_1 = \begin{bmatrix} 0 & 0 \\ 2 & 2 \end{bmatrix} \underline{x}_1$ $\quad \therefore\ \underline{x}_1 = \begin{bmatrix} 1 & -1 \end{bmatrix}^T$.

$\lambda_2 = 3$, $(A^T - 3I)\underline{x}_2 = \begin{bmatrix} -2 & 0 \\ 2 & 0 \end{bmatrix} \underline{x}_2$ $\quad \therefore\ \underline{x}_2 = \begin{bmatrix} 0 & 1 \end{bmatrix}^T$.

7-29 For $\underline{\alpha} = \begin{bmatrix} 1 \\ 1 \end{bmatrix}$ $F = \begin{bmatrix} -.05 & 0 & 2.7 \\ -.05 & 0 & 2.7 \end{bmatrix}$

— using "pole placement", Appen. D., ($p(z) = z^3$).

7-30 Let $F = \begin{bmatrix} a & b & c \\ d & e & f \end{bmatrix}$, then from Eq. (7-66)

$$\det\left\{\begin{bmatrix} 1 & 0 \\ 0 & 1 \end{bmatrix} - \begin{bmatrix} a & b & c \\ d & e & f \end{bmatrix}\begin{bmatrix} \frac{1}{z-.1} & 0 \\ 0 & \frac{1}{z-.2} \\ \frac{1}{z-.3} & 0 \end{bmatrix}\right\} = 0$$

We will try making the above matrix a null matrix:
The four equations yield
$$\begin{cases} 10c + 3 + 30a = 0 \\ 3d + f = 0 \\ b = 0 \quad \text{and} \quad e = -.2 \end{cases}$$

$z = 0$

With $F = \begin{bmatrix} a & 0 & -3(a+.1) \\ d & -.2 & -3d \end{bmatrix}$

$\det[zI - (A+BF)] = \det\begin{bmatrix} z-(a+.1) & 0 & 3(a+.1) \\ -d & z & 3d \\ -a & 0 & z+3a \end{bmatrix}$

$= z^3 - (.1 - 2a)z^2 \stackrel{\text{set}}{=} z^3$

$\therefore a = .05$, (d is arbitrary); $F = \begin{bmatrix} .05 & 0 & -.45 \\ 0 & -.2 & 0 \end{bmatrix}$.

7-31 First, obtain the state model as in Sec. 3-7.2:

$T(z) = \begin{bmatrix} 1 & 0 \\ 1 & 1 \end{bmatrix} + \begin{bmatrix} .1 & 0 \\ 0 & .075 \end{bmatrix}\frac{1}{z-.1} + \begin{bmatrix} 0 & -2 \\ .3 & .125 \end{bmatrix}\frac{1}{z-.5}$

$= \begin{bmatrix} 1 & 0 \\ 1 & 1 \end{bmatrix} + \begin{bmatrix} .1 \\ 0 \end{bmatrix}\frac{[1\ 0]}{(z-.1)} + \begin{bmatrix} 0 \\ .075 \end{bmatrix}\frac{[0\ 1]}{(z-.1)} + \begin{bmatrix} 0 \\ .3 \end{bmatrix}\frac{[1\ 0]}{(z-.5)} + \begin{bmatrix} -2 \\ .125 \end{bmatrix}\frac{[0\ 1]}{(z-.5)}$

Therefore,

$\begin{cases} \underline{x}(k+1) = \begin{bmatrix} .1 & 0 & 0 & 0 \\ 0 & .1 & 0 & 0 \\ 0 & 0 & .5 & 0 \\ 0 & 0 & 0 & .5 \end{bmatrix}\underline{x}(k) + \begin{bmatrix} 1 & 0 \\ 0 & 1 \\ 1 & 0 \\ 0 & 1 \end{bmatrix}\underline{u}(k) \\ \underline{y}(k) = \begin{bmatrix} .1 & 0 & 0 & -2 \\ 0 & .075 & .3 & .125 \end{bmatrix}\underline{x}(k) + \begin{bmatrix} 1 & 0 \\ 1 & 1 \end{bmatrix}\underline{u}(k) \end{cases}$

$\left(\underline{v}(k) = \begin{bmatrix} .1 & 0 & 0 & -2 \\ 0 & .075 & .3 & .125 \end{bmatrix}\underline{x}(k)\right.$)

7-31

Assuming outputs $\underline{y}(k)$,

$$C_1 B = [.1 \quad -2] \neq \underline{0} \quad \therefore d_1 = 0$$
$$C_2 B = [.3 \quad .2] \neq \underline{0} \quad \therefore d_2 = 0$$

$$\therefore N = \begin{bmatrix} .1 & -.2 \\ .3 & .2 \end{bmatrix} \text{ is nonsingular } (\det F = .62).$$

$$\therefore F = -\frac{1}{.62}\begin{bmatrix} .2 & 2 \\ -.3 & .1 \end{bmatrix}\begin{bmatrix} .01 & 0 & 0 & -1 \\ 0 & .0075 & .15 & .0625 \end{bmatrix}$$

$$F = \begin{bmatrix} -.0032 & -.0242 & -.4839 & +.1210 \\ +.0048 & -.0012 & -.0242 & -.4940 \end{bmatrix}$$

and $\quad G = \begin{bmatrix} .323 & 3.226 \\ -.484 & .161 \end{bmatrix}$

$\therefore$ With $\underline{u}(k) = F\underline{x}(k) + G\underline{r}(k)$, $\dfrac{V(z)}{R(z)} = \begin{bmatrix} z^{-1} & 0 \\ 0 & z^{-1} \end{bmatrix}$.

7-32

$$C_1 B = [1 \quad -1] \quad \therefore d_1 = 0$$
$$C_2 B = \underline{0}, \quad C_2 AB = [-.2 \quad 0] \quad \therefore d_2 = 1$$

Since $N = \begin{bmatrix} 1 & -1 \\ -.2 & 0 \end{bmatrix}$ is nonsingular $(\det. N = -.2)$, the system can be decoupled.

$\underline{u}(k) = F\underline{x}(k) + G\underline{r}(k), \quad G = \begin{bmatrix} 0 & -5 \\ -1 & -5 \end{bmatrix}$

$$F = \begin{bmatrix} 0 & 5 \\ 1 & 5 \end{bmatrix}\begin{bmatrix} .1 & -.2 & 0 \\ .01 & 0 & -.09 \end{bmatrix} = \begin{bmatrix} .05 & 0 & -.45 \\ .15 & -.20 & -.45 \end{bmatrix}$$

As a check,

$$H(z) = C(zI - A - BF)^{-1} BG$$

$$= \begin{bmatrix} 1 & -1 & 0 \\ 1 & 0 & -1 \end{bmatrix} \frac{1}{z^3} \begin{bmatrix} z^2 + .15z & 0 & -.45z \\ .15z & z^2 & -.45z \\ .05z & 0 & z^2 - .15z \end{bmatrix} \begin{bmatrix} 1 & 0 \\ 0 & 1 \\ 1 & 0 \end{bmatrix} \begin{bmatrix} 0 & -5 \\ -1 & -5 \end{bmatrix}$$

$$= \begin{bmatrix} z^{-1} & 0 \\ 0 & z^{-2} \end{bmatrix} \quad \begin{cases} \text{Note that "delay decoupling" results in} \\ H(z) = \text{diag.}\{z^{-1-d_1}, z^{-1-d_2}, \ldots\}. \end{cases}$$

7-33

$$\begin{cases} \underline{x}(k+1) = \begin{bmatrix} .1 & 0 & 0 \\ 0 & .2 & 0 \\ 0 & 0 & .3 \end{bmatrix} \underline{x}(k) + \begin{bmatrix} 1 & 0 \\ 0 & 1 \\ 1 & 0 \end{bmatrix} \underline{u}(k) \\ \underline{y}(k) = \begin{bmatrix} 1 & -1 & 0 \\ 1 & 0 & -1 \end{bmatrix} \underline{x}(k) \end{cases}$$

Output feedback: $\underline{u}(k) = FC\underline{x}(k) + G\underline{r}(k)$

From Eq. (7-88) we want

$$\det[I - FH(z)]\Big|_{z=0} = 0$$

$$H(z) = \begin{bmatrix} 1 & -1 & 0 \\ 1 & 0 & -1 \end{bmatrix} \begin{bmatrix} \frac{1}{z-.1} & 0 & 0 \\ 0 & \frac{1}{z-.2} & 0 \\ 0 & 0 & \frac{1}{z-.3} \end{bmatrix} \begin{bmatrix} 1 & 0 \\ 0 & 1 \\ 1 & 0 \end{bmatrix} = \begin{bmatrix} \frac{1}{z-.1} & \frac{-1}{z-.2} \\ \frac{-.2}{(z-.1)(z-.3)} & 0 \end{bmatrix}$$

With $F = \begin{bmatrix} a & b \\ c & d \end{bmatrix}$, let us set $I - FH(0) = \underline{0}$:

$$\begin{bmatrix} 1 & 0 \\ 0 & 1 \end{bmatrix} - \begin{bmatrix} a & b \\ c & d \end{bmatrix} \begin{bmatrix} -10 & 5 \\ -\frac{20}{3} & 0 \end{bmatrix} = \begin{bmatrix} 0 & 0 \\ 0 & 0 \end{bmatrix}$$

$$\therefore F = \begin{bmatrix} 0 & -.15 \\ .20 & -.30 \end{bmatrix}, \text{ by matching matrix entries.}$$

Checking the closed-loop poles:

$$\bar{A} = A + BFC = \begin{bmatrix} -.05 & 0 & .15 \\ -.1 & 0 & .3 \\ -.15 & 0 & .45 \end{bmatrix}$$

$$\det(zI - \bar{A}) = z^3 - .4z^2 = z^2(z - .4)$$

$\therefore$ poles at $0, 0, .4$

Note that the rank of C determines the number of pole placements that can be made with output feedback.

CHAPTER 8

8-1

(a)

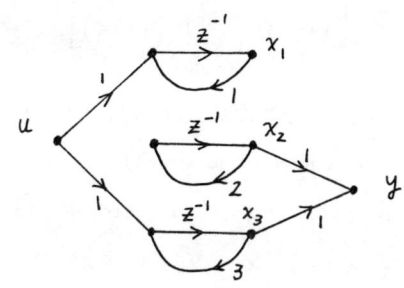

(b) x_1 and x_3 are controllable.
x_2 and x_3 are observable.

(c) $\dfrac{Y(z)}{U(z)} = \dfrac{1}{z-3}$. The transfer function is concerned only with the controllable and observable part of the system.

8-2

(a) $O = \begin{bmatrix} 1 & 0 \\ -1 & 1 \end{bmatrix}$, rank $O = 2 = n$ ∴ observable.

(b) $O = \begin{bmatrix} 1 & 1 & 0 \\ 1 & 0 & -1 \\ 1 & 2 & 0 \\ 2 & -1 & 1 \\ \cdots \end{bmatrix} \}\begin{matrix}C\\ \\CA\end{matrix}$ Det. of 1st 3 rows $\neq 0$
∴ rank $O = 3 = n$
∴ observable.

8-3

$O_1 = \begin{bmatrix} 1 & 1 & 0 \\ 1 & 2 & 0 \\ 1 & 4 & -1 \end{bmatrix}$, det. $O_1 = -1$

$O_2 = \begin{bmatrix} 1 & 0 & -1 \\ 2 & -1 & 1 \\ 1 & -1 & 3 \end{bmatrix}$, det. $O_2 = -1$

∴ The system is observable from each output.

8-4

(a) By inspection $\dfrac{Y(z)}{U(z)} = \dfrac{z^2 - \alpha z}{z^3 - 1.3 z^2 + .2 z + .1}$

(b)
$\begin{cases} \underline{x}(k+1) = \begin{bmatrix} 0 & 1 & 0 \\ 0 & 0 & 1 \\ -.1 & -.2 & 1.3 \end{bmatrix} \underline{x}(k) + \begin{bmatrix} 0 \\ 0 \\ 1 \end{bmatrix} u(k) \\ y(k) = \begin{bmatrix} 0 & -\alpha & 1 \end{bmatrix} \underline{x}(k). \end{cases}$

8-4 (c)

$$\mathcal{O} = \begin{bmatrix} 0 & -\alpha & 1 \\ -.1 & -.2 & (1.3-\alpha) \\ (.1\alpha-.13) & (1.49-1.3\alpha) \\ & (.2\alpha-.36) \end{bmatrix}$$

$\det \mathcal{O} = -.1(.2\alpha - .36) - \alpha(1.3-\alpha)(.1\alpha - .13) + .2(.1\alpha - .13)$
$\qquad\qquad + .1\alpha(1.3\alpha - 1.49)$
$\qquad = .1(\alpha^3 - 1.3\alpha^2 + .2\alpha + .1)$
$\qquad = .1(\alpha-1)(\alpha-.5)(\alpha+.2) = 0$ for
$\qquad\qquad\qquad\qquad\qquad\underbrace{\alpha = 1, .5, -.2}$.

Since $\dfrac{Y(z)}{U(z)} = \dfrac{z(z-\alpha)}{(z-1)(z-.5)(z+.2)}$, these values are exactly those required for a pole-zero cancellation.

8-5

(a) $\begin{cases} \underline{x}_o(k+1) = \begin{bmatrix} 0 & 0 & 1 \\ 1 & 0 & 2 \\ 0 & 1 & 3 \end{bmatrix} \underline{x}_o(k) + \begin{bmatrix} 2 \\ 1 \\ 1 \end{bmatrix} u(k) \\ y(k) = \begin{bmatrix} 0 & 0 & 1 \end{bmatrix} \underline{x}_o(k) + \begin{bmatrix} 2 \end{bmatrix} u(k) \end{cases}$

(b) $Y(z) = \dfrac{[(2z^2 - 3z + 4) \quad (z^2 - 2z + 1)]}{(z^3 - 3z^2 + 4z - 3)} \cdot U(z)$

$\begin{cases} \underline{x}_o(k+1) = \begin{bmatrix} 0 & 0 & 3 \\ 1 & 0 & -4 \\ 0 & 1 & 3 \end{bmatrix} \underline{x}_o(k) + \begin{bmatrix} 4 & 1 \\ -3 & -2 \\ 2 & 1 \end{bmatrix} \underline{u}(k) \\ y(k) = \begin{bmatrix} 0 & 0 & 1 \end{bmatrix} \underline{x}_o(k) \end{cases}$

8-6 $\mathcal{O} = \begin{bmatrix} 0 & 0 & 1 \\ 2 & 1 & -3 \\ -7 & 0 & 9 \end{bmatrix}$, $\det \mathcal{O} = 7$
$\qquad\qquad\qquad\qquad\qquad\quad\therefore$ System is **observable**.

Desired characteristic polynomial: $(z-.1)(z-.2)(z-.3) =$
$z^3 - .6z^2 + .11z - .006$.

The full-order estimator is given by Eq. (8-24) with
$v(k) = y(k)$ and $K = [.058 \quad -.070 \quad -12.556]^T$.

8-7

(a) $G(z) = \frac{z-1}{z} \mathcal{Z}\left\{\frac{2}{s(s+1)(s+2)}\right\} = \frac{az+b}{(z-e^{-T})(z-e^{-2T})}$

where $a = (1 - 2e^{-T} + e^{-2T})$
and $b = (e^{-T} - 2e^{-2T} + e^{-3T})$. $\left(\begin{array}{l}\text{See problem 2-30}\\\text{for development}\end{array}\right)$

(b) Since unobservability would correspond to a pole-zero cancellation:

$G(z) = \frac{a(z - z_0)}{(z - e^{-T})(z - e^{-2T})}$, $z_0 = \frac{-b}{a} = \frac{(2e^{-2T} - e^{-T} - e^{-3T})}{(1 - 2e^{-T} + e^{-2T})}$

Search for T such that $z_0(T) = e^{-T}$ or e^{-2T}:
None found $\to$ observable for all $T > 0$.

8-8 (a) $\begin{cases} \underline{x}(k+1) = \begin{bmatrix} \cos T & \sin T \\ -\sin T & \cos T \end{bmatrix} \underline{x}(k) + \begin{bmatrix} 1 - \cos T \\ \sin T \end{bmatrix} u(k) \\ y(k) = \begin{bmatrix} 1 & 1 \end{bmatrix} \underline{x}(k) \end{cases}$ (See problem 7-5)

(b) $\mathcal{O}_{CT} = \begin{bmatrix} 1 & 1 \\ -1 & 1 \end{bmatrix}$, observable

$\mathcal{O}_{DT} = \begin{bmatrix} 1 & 1 \\ (c-s) & (c+s) \end{bmatrix}$, $\det \mathcal{O}_{DT} = c+s - c+s = 2\sin T$

$c = \cos T$, $s = \sin T$

∴ The discrete-time system is unobservable for any $T = n\pi$, $n = 0, 1, 2, \ldots$.

8-9 $\begin{cases} \begin{bmatrix} \underline{x}(k+1) \\ \hat{\underline{x}}(k+1) \end{bmatrix} = \begin{bmatrix} A & BF \\ KC & A - KC + BF \end{bmatrix} \begin{bmatrix} \underline{x}(k) \\ \hat{\underline{x}}(k) \end{bmatrix} + \begin{bmatrix} B \\ B \end{bmatrix} r(k) \\ y(k) = \begin{bmatrix} C & 0 \end{bmatrix} \begin{bmatrix} \underline{x}(k) \\ \hat{\underline{x}}(k) \end{bmatrix} \end{cases}$

With $\underline{e}(k) = \underline{x}(k) - \hat{\underline{x}}(k)$:

$\begin{bmatrix} \underline{x}(k+1) \\ \underline{e}(k+1) \end{bmatrix} = \begin{bmatrix} A+BF & -BF \\ 0 & A-KC \end{bmatrix} \begin{bmatrix} \underline{x}(k) \\ \underline{e}(k) \end{bmatrix} + \begin{bmatrix} B \\ 0 \end{bmatrix} r(k)$

Controllability:

$$\mathcal{C} = \begin{bmatrix} B, & (A+BF)B, & (A+BF)^2 B, & \cdots \\ 0, & 0, & 0, & \end{bmatrix}$$

∴ The composite system is not controllable. In fact, the estimator is an uncontrollable part of the system.

Observability:

$$\begin{cases} \begin{bmatrix} \underline{e}(k+1) \\ \hat{\underline{x}}(k+1) \end{bmatrix} = \begin{bmatrix} A-KC & 0 \\ KC & A+BF \end{bmatrix} \begin{bmatrix} \underline{e}(k) \\ \hat{\underline{x}}(k) \end{bmatrix} + \begin{bmatrix} 0 \\ B \end{bmatrix} \underline{r}(k) \\ \underline{y}(k) = \begin{bmatrix} C & C \end{bmatrix} \begin{bmatrix} \underline{e}(k) \\ \hat{\underline{x}}(k) \end{bmatrix} \end{cases}$$

$$\mathcal{O} = \begin{bmatrix} C & C \\ CA & C(A+BF) \\ CA^2 + CBFKC & C(A+BF)^2 \\ \cdots & \end{bmatrix} \quad \therefore \text{The composite system appears to be observable.}$$

[8-10] The estimator gain translated to $\underline{x}$-coordinates

is $K = \begin{bmatrix} 1.979 & 6.083 & 0.354 \end{bmatrix}^T$.

$$\begin{bmatrix} \underline{x}(k+1) \\ \hat{\underline{x}}(k+1) \end{bmatrix} = \underbrace{\begin{bmatrix} A & 0 \\ KC & A-KC \end{bmatrix}}_{\bar{A}} \begin{bmatrix} \underline{x}(k) \\ \hat{\underline{x}}(k) \end{bmatrix} \quad , \quad \begin{bmatrix} \underline{x}(0) \\ \hat{\underline{x}}(0) \end{bmatrix} = \begin{bmatrix} 1 \\ 0 \\ 0 \\ 0 \\ 0 \\ 0 \end{bmatrix}$$

$$\bar{A} = \begin{bmatrix} 1 & 2 & 0 & 0 & 0 & 0 \\ 3 & -1 & 1 & 0 & 0 & 0 \\ 0 & 2 & 0 & 0 & 0 & 0 \\ 0 & 0 & K_1 & 1 & 2 & -K_1 \\ 0 & 0 & K_2 & 3 & -1 & 1-K_2 \\ 0 & 0 & K_3 & 0 & 2 & -K_3 \end{bmatrix}$$

∴

$$\underline{x}(k) = \begin{bmatrix} 1 \\ 0 \\ 0 \end{bmatrix}, \begin{bmatrix} 1 \\ 3 \\ 0 \end{bmatrix}, \begin{bmatrix} 7 \\ 0 \\ 6 \end{bmatrix}, \begin{bmatrix} 7 \\ 27 \\ 0 \end{bmatrix}, \begin{bmatrix} 61 \\ -6 \\ 54 \end{bmatrix}, \cdots$$

$$\hat{\underline{x}}(k) = \begin{bmatrix} 0 \\ 0 \\ 0 \end{bmatrix}, \begin{bmatrix} 0 \\ 0 \\ 0 \end{bmatrix}, \begin{bmatrix} 0 \\ 0 \\ 0 \end{bmatrix}, \begin{bmatrix} 11.88 \\ 36.50 \\ 2.13 \end{bmatrix}, \begin{bmatrix} 80.67 \\ -11.68 \\ 72.25 \end{bmatrix}, \cdots$$

$$k = 0, 1, 2, 3, 4, \cdots$$

8-11 See Problem (8-10) ; $K = \begin{bmatrix} 1.98 & 6.08 & 0.35 \end{bmatrix}^T$.

8-12 See Problem (8-10).

8-13 (a) From Eq. (8-47) with $(A_{22} - K A_{12}) = 0.2$:

$$\begin{cases} w(k+1) = 0.2\, w(k) + u(k) - 0.64\, y(k) \\ \hat{x}_2(k) = w(k) + 0.8\, y(k) \end{cases}, \quad \underline{K = 0.8}.$$

(b) First change variables: $\underline{\xi} = P^{-1}\underline{x} = \begin{bmatrix} -2 & 3 \\ 0 & -1 \end{bmatrix}\underline{x}$

so that $y - u = \xi_1$:

$$P = \begin{bmatrix} -1 & -3 \\ 0 & -2 \end{bmatrix}\tfrac{1}{2}$$

$$\begin{cases} \underline{\xi}(k+1) = \begin{bmatrix} 0 & -1 \\ 0 & 1 \end{bmatrix}\underline{\xi}(k) + \begin{bmatrix} 3 \\ -1 \end{bmatrix} u(k) \\ v(k) = \begin{bmatrix} 1 & 0 \end{bmatrix}\underline{\xi}(k) \end{cases} \quad (v = y - u).$$

From Eq. (8-47), $K = -.8$:

$$\begin{cases} w(k+1) = 0.2\, w(k) + 1.4\, u(k) - .16\, v(k) \\ \hat{\xi}_2(k) = w(k) - .8\, v(k) \end{cases}, \quad v(k) = y(k) - u(k)$$

$$\begin{cases} w(k+1) = 0.2\, w(k) + 1.56\, u(k) - 0.16\, y(k) \\ \hat{\xi}_2(k) = w(k) - 0.8\, y(k) + 0.8\, u(k) \end{cases}$$

Since $\hat{\underline{\xi}}(k) = \begin{bmatrix} y(k) - u(k) \\ \hat{\xi}_2(k) \end{bmatrix}$, $\hat{\underline{x}}(k) = \tfrac{1}{2}\begin{bmatrix} -1 & -3 \\ 0 & -2 \end{bmatrix}\hat{\underline{\xi}}(k)$.

8-14 (a) Writing the state model in appropriate form:

$$\begin{cases} \underline{x}(k+1) = \begin{bmatrix} -3 & 1 & 0 \\ -2 & 0 & 1 \\ -1 & 0 & 0 \end{bmatrix}\underline{x}(k) + \begin{bmatrix} -3 \\ 1 \\ 3 \end{bmatrix} u(k) \\ y(k) = \begin{bmatrix} 1 & 0 & 0 \end{bmatrix}\underline{x}(k) + \begin{bmatrix} 1 \end{bmatrix} u(k) \end{cases}$$

(The dual of the controllable model with reverse ordered labeling of the states.)

$$A_{22} - K A_{12} = \begin{bmatrix} 0 & 1 \\ 0 & 0 \end{bmatrix} - \begin{bmatrix} k_1 \\ k_2 \end{bmatrix}\begin{bmatrix} 1 & 0 \end{bmatrix} = \begin{bmatrix} -k_1 & 1 \\ -k_2 & 0 \end{bmatrix} = \bar{A}$$

Since $\det(zI - \bar{A}) = z^2 + k_1 z + k_2 \equiv (z-0)^2 = z^2$,

$$\therefore \underline{k_1 = k_2 = 0}.$$

8-14 Since $\underline{K} = \underline{0}$, $\underline{w}(k) = [\hat{x}_2(k) \ \hat{x}_3(k)]^T$.

$$\begin{bmatrix} \hat{x}_2(k+1) \\ \hat{x}_3(k+1) \end{bmatrix} = \begin{bmatrix} 0 & 1 \\ 0 & 0 \end{bmatrix} \begin{bmatrix} \hat{x}_2(k) \\ \hat{x}_3(k) \end{bmatrix} + \begin{bmatrix} 1 \\ 3 \end{bmatrix} u(k) - \begin{bmatrix} 2 \\ 1 \end{bmatrix} [y(k) - u(k)]$$

(b) Assuming $u(k) = 0$,

$k = 0, \quad 1, \quad 2, \quad 3, \quad 4, \quad \ldots$

$$\underline{x}(k) = \begin{bmatrix} 1 \\ 1 \\ 1 \end{bmatrix}, \begin{bmatrix} -2 \\ -1 \\ -1 \end{bmatrix}, \begin{bmatrix} 5 \\ 3 \\ 2 \end{bmatrix}, \begin{bmatrix} -12 \\ -8 \\ -5 \end{bmatrix}, \begin{bmatrix} 28 \\ 19 \\ 12 \end{bmatrix}, \ldots$$

$$\begin{bmatrix} y(k) \\ \hat{x}_2(k) \\ \hat{x}_3(k) \end{bmatrix} = \begin{bmatrix} 1 \\ 0 \\ 0 \end{bmatrix}, \begin{bmatrix} -2 \\ -2 \\ -1 \end{bmatrix}, \begin{bmatrix} 5 \\ 3 \\ 2 \end{bmatrix}, \begin{bmatrix} -12 \\ -8 \\ -5 \end{bmatrix}, \begin{bmatrix} 28 \\ 19 \\ 12 \end{bmatrix}, \ldots$$

8-15 (a) Desired char. poly. $= p(z) = (z - .5)^2 = z^2 - z + .25$

If $F = [a \ b]$, $A + BF = \begin{bmatrix} 1 & 1 \\ a & 1+b \end{bmatrix} = \bar{A}$

$\det(zI - \bar{A}) = z^2 - (b+2)z + (b+1-a) \equiv p(z)$

$\therefore F = [-2.25 \ \ -3]$

(b) $\begin{cases} x_1(k+1) = x_1(k) + x_2(k) \\ x_2(k+1) = x_2(k) + a\, x_1(k) + b\, \hat{x}_2(k) \\ w(k+1) = .2\, w(k) + a\, x_1(k) + b\, \hat{x}_2(k) - .64\, x_1(k) \end{cases}$

Substituting $\hat{x}_2(k) = w(k) + .8\, x_1(k)$, $(u(k) = a\, x_1(k) + b\, \hat{x}_2(k))$.

$\begin{cases} x_1(k+1) = x_1(k) + x_2(k) \\ x_2(k+1) = -4.65\, x_1(k) + x_2(k) - 3\, w(k) \\ w(k+1) = -5.29\, x_1(k) \quad - 2.8\, w(k) \end{cases} = \begin{bmatrix} 1 & 1 & 0 \\ -4.65 & 1 & -3 \\ -5.29 & 0 & -2.8 \end{bmatrix} \begin{bmatrix} x_1(k) \\ x_2(k) \\ w(k) \end{bmatrix}$

State trajectory:

1	-3.65	2.92	-2.10	1.35	-.83	.49	-.29	.16	-.09	.05	-.03
-4.65	6.57	-5.02	3.46	-2.19	1.33	-.78	.45	-.25	.14	-.08	.04
-5.29	9.52	-7.35	5.14	-3.27	1.99	-1.17	.67	-.38	.21	-.12	.06
(k=1)	(k=2)	(k=3)									

8-16 (a) $\bar{A} = A + BF = \begin{bmatrix} 0 & 1 \\ a & b+1 \end{bmatrix}$, $F = [a \ b]$

$\det(zI - \bar{A}) = z^2 - (b+1)z + a \stackrel{set}{=} z^2 - z + .25$

$\therefore F = [.25 \quad 0]$, $\underline{u(k) = .25 \ \hat{x}_1(k)}$.

From problem 8-13 (after some algebra):

$$\begin{cases} \hat{x}_1(k) = -1.4 \ x_1(k) + 2.1 \ x_2(k) - 1.5 \ w(k) \\ \hat{x}_2(k) = -1.6 \ x_1(k) + 2.4 \ x_2(k) - w(k) \end{cases}$$

$$\begin{cases} x_1(k+1) = x_2(k) \\ x_2(k+1) = x_2(k) + .25 \ \hat{x}_1(k) \\ w(k+1) = .2 \ w(k) + .35 \ \hat{x}_1(k) + .32 \ x_1(k) - .48 \ x_2(k) \end{cases}$$

Eliminating the "hat" variables:

$$\begin{cases} x_1(k+1) = x_2(k) \\ x_2(k+1) = -.35 \ x_1(k) + 1.525 \ x_2(k) - .375 \ w(k) \\ w(k+1) = -.17 \ x_1(k) + .255 \ x_2(k) - .325 \ w(k) \end{cases}$$

$\underline{v}(k+1) = \begin{bmatrix} 0 & 1 & 0 \\ -.35 & 1.525 & -.375 \\ -.17 & .255 & -.325 \end{bmatrix} \underline{v}(k)$, $\underline{v}(0) = \begin{bmatrix} 1 \\ 0 \\ 0 \end{bmatrix}$

State trajectory; $\{\underline{v}(k), k = 1, 2, \cdots\}$:

0	−.35	−.47	−.58	−.70	...
−.35	−.47	−.58	−.70	−.85	...
−.17	−.03	−.05	−.05	−.06	...

8-17 From Eq. (8-84) and problem 8-6:

$K^T = -F = \begin{bmatrix} 0 \\ 0 \\ 1 \end{bmatrix}^T \begin{bmatrix} 0 & 2 & -7 \\ 0 & 1 & 0 \\ 1 & -3 & 9 \end{bmatrix}^{-1} \{(A^T)^3 - .6(A^T)^2 + .11 A^T - .006 I\}$

$K^T = [.058 \quad -.070 \quad -12.556]$.

The dual system is given by: $\underline{x}'(k+1) = A^T \underline{x}'(k) + C^T \underline{u}'(k)$

8-18 (a)

State model.
$$\begin{cases} \underline{x}(k+1) = \begin{bmatrix} 0 & 1 & 0 \\ 0 & 0 & 1 \\ -1 & -2 & -3 \end{bmatrix} \underline{x}(k) + \begin{bmatrix} 0 \\ 0 \\ 1 \end{bmatrix} u(k) \\ y(k) = \begin{bmatrix} 3 & 1 & -3 \end{bmatrix} \underline{x}(k) + \begin{bmatrix} 1 \end{bmatrix} u(k) \end{cases}$$

Dual State model.
$$\begin{cases} \underline{x}'(k+1) = \begin{bmatrix} 0 & 0 & -1 \\ 1 & 0 & -2 \\ 0 & 1 & -3 \end{bmatrix} \underline{x}'(k) + \begin{bmatrix} 3 \\ 1 \\ -3 \end{bmatrix} u'(k) \\ y'(k) = \begin{bmatrix} 0 & 0 & 1 \end{bmatrix} \underline{x}'(k) + \begin{bmatrix} 1 \end{bmatrix} u'(k) \end{cases}$$

$$K^T = -F' = \begin{bmatrix} 0 \\ 0 \\ 1 \end{bmatrix}^T \begin{bmatrix} B', A'B', (A')^2 B' \end{bmatrix}^{-1} \{(A')^3\}$$

$$\therefore K^T = \begin{bmatrix} -.3791 & .7678 & -1.7299 \end{bmatrix} = \begin{bmatrix} a & b & c \end{bmatrix}.$$

Estimator:

$$\hat{\underline{x}}(k+1) = \begin{bmatrix} -3a & 1-a & 3a \\ -3b & -b & 1+3b \\ -(1+3c) & -(2+c) & -3(1-c) \end{bmatrix} \hat{\underline{x}}(k) - \begin{bmatrix} a \\ b \\ c-1 \end{bmatrix} u(k) + \begin{bmatrix} a \\ b \\ c \end{bmatrix} y(k).$$

(b)
$$\hat{\underline{x}}(k+1) = \begin{bmatrix} 1.1375 & 1.3792 & -1.1375 \\ -2.3033 & -.7678 & 3.3033 \\ -6.1896 & -3.7299 & 2.1896 \end{bmatrix} \hat{\underline{x}}(k) + \begin{bmatrix} .3792 & -.3792 \\ -.7678 & .7678 \\ -.7299 & 1.7299 \end{bmatrix} \begin{bmatrix} u \\ y \end{bmatrix}$$

$$T(z) = (zI - \hat{A})^{-1} \hat{B} = \frac{\begin{bmatrix} (.38\,z^2 - .77\,z + .42) & (-.38\,z^2 - .37\,z + 3.26) \\ (-.77\,z^2 - .72\,z - 1.52) & (.77\,z^2 + 4.02\,z + .38) \\ (-.73\,z^2 + .79\,z + 3.08) & (1.73\,z^2 - 1.16\,z - .78) \end{bmatrix}}{z^3 - 2.56\,z^2 + 8.39\,z + 13.51}$$

8-19 (a) $K = 1$.
$$\begin{cases} w(k+1) = u(k) - y(k), \text{ from Eq. (8-47)} \\ \hat{x}_2(k) = w(k) + y(k) \end{cases}$$

8-19 (b) $\bar{A} = A + BF = \begin{bmatrix} 1 & 1 \\ a & 1+b \end{bmatrix}$ where $F = [a \ b]$

$\det(zI - \bar{A}) = z^2 - (2+b)z + (1-a+b) \stackrel{set}{=} (z-0)^2 = z^2$

∴ $\underline{F = [-1 \ -2]}$, $u(k) = -x_1(k) - 2\hat{x}_2(k)$.

(c) State equations; eliminating $\hat{x}_2(k) = w(k) + x_1(k)$:

$\begin{cases} x_1(k+1) = x_1(k) + x_2(k) \\ x_2(k+1) = -3x_1(k) + x_2(k) - 2w(k) \\ w(k+1) = -4x_1(k) - 2w(k) \end{cases}$, $\underline{V}(0) = \begin{bmatrix} x_1(0) \\ x_2(0) \\ w(0) \end{bmatrix} = \begin{bmatrix} 1 \\ 1 \\ 0 \end{bmatrix}$

State Trajectory; $\{\underline{V}(k), \ k = 1, 2, 3, \cdots\}$:

$\underline{V}(0) = \begin{bmatrix} 1 \\ 1 \\ 0 \end{bmatrix}$, $\underline{V}(1) = \begin{bmatrix} 2 \\ -2 \\ -4 \end{bmatrix}$, $\underline{V}(2) = \begin{bmatrix} 0 \\ 0 \\ 0 \end{bmatrix}$ $\cdots$

8-20 (a) $\begin{cases} \underline{x}(k+1) = \begin{bmatrix} 0 & 1 \\ 0 & 1 \end{bmatrix} \underline{x}(k) + \begin{bmatrix} 0 \\ 1 \end{bmatrix} u(k) \\ v(k) = y(k) - u(k) = [-2 \ 3] \underline{x}(k) \end{cases}$

Let $\underline{x}(k) = P \underline{\xi}(k) = \frac{1}{2} \begin{bmatrix} -1 & -3 \\ 0 & -2 \end{bmatrix} \underline{\xi}(k)$, $P^{-1} = \begin{bmatrix} -2 & 3 \\ 0 & -1 \end{bmatrix}$

$\begin{cases} \underline{\xi}(k+1) = \begin{bmatrix} 0 & -1 \\ 0 & 1 \end{bmatrix} \underline{\xi}(k) + \begin{bmatrix} 3 \\ -1 \end{bmatrix} u(k) \\ v(k) = y(k) - u(k) = [1 \ 0] \underline{\xi}(k) \end{cases}$

Reduced-order estimator (pole at $z = 0$); $\underline{k = -1}$:

$\begin{cases} w(k+1) = 2u(k) \\ \hat{\xi}_2(k) = w(k) - v(k) \end{cases}$, $\hat{\underline{\xi}}(k) = \begin{bmatrix} v(k) \\ w(k) - v(k) \end{bmatrix}$

$\hat{\underline{x}}(k) = P \hat{\underline{\xi}}(k) = \begin{bmatrix} v(k) - 1.5 w(k) \\ v(k) - w(k) \end{bmatrix}$.

(b) $\bar{A} = A + BF = \begin{bmatrix} 0 & 1 \\ a & 1+b \end{bmatrix}$, $F = [a \ b]$

$\det(zI - \bar{A}) = z^2 - (1+b)z - a \stackrel{set}{=} z^2$ ∴ $\underline{F = [0 \ -1]}$.

Feedback: $u(k) = -\hat{x}_2(k)$.

8-20 (c) Since $u(k) = -\hat{x}_2(k) = 2x_1(k) - 3x_2(k) + w(k)$,

$$\underline{V}(k+1) = \begin{bmatrix} x_1(k+1) \\ x_2(k+1) \\ w(k+1) \end{bmatrix} = \begin{bmatrix} 0 & 1 & 0 \\ 2 & -2 & 1 \\ 4 & -6 & 2 \end{bmatrix} \underline{V}(k) \quad, \quad \underline{V}(0) = \begin{bmatrix} 1 \\ 1 \\ 0 \end{bmatrix}$$

$\underline{V}(1) = \begin{bmatrix} 1 & 0 & -2 \end{bmatrix}^T$, $\underline{V}(2) = \begin{bmatrix} 0 & 0 & 0 \end{bmatrix}^T$, $\underline{V}(k) = \underline{0}$ for $k \geq 2$.

8-21 The dual system is:

$$\begin{cases} \underline{x}'(k+1) = \begin{bmatrix} 0 & 0 & 0 \\ 0 & -1 & 0 \\ 0 & 0 & 1 \end{bmatrix} \underline{x}'(k) + \begin{bmatrix} 1 & 1 \\ -1 & 0 \\ 0 & 1 \end{bmatrix} \underline{u}'(k) \\ \underline{y}'(k) = \begin{bmatrix} 1 & 1 & 0 \\ 0 & 1 & 2 \end{bmatrix} \underline{x}'(k) \end{cases}$$

With $\underline{u}'(k) = \alpha\, \underline{u}_s(k) = \begin{bmatrix} 1 \\ 1 \end{bmatrix} u_s(k)$, $B'_{equiv.} = \begin{bmatrix} 2 \\ -1 \\ 1 \end{bmatrix}$

Using "Pole placement" in Appen. D, $F_s = \begin{bmatrix} 0 & 0 & -.5 \end{bmatrix}$

$\therefore F = \begin{bmatrix} 0 & 0 & -.5 \\ 0 & 0 & -.5 \end{bmatrix}$ and $K = -F^T = \begin{bmatrix} 0 & 0 \\ 0 & 0 \\ .5 & .5 \end{bmatrix}$

is the required estimator gain matrix.

8-22

$$\begin{bmatrix} \underline{x}(k+1) \\ \hat{\underline{x}}(k+1) \end{bmatrix} = \begin{bmatrix} A & 0 \\ KC & A-KC \end{bmatrix} \begin{bmatrix} \underline{x}(k) \\ \hat{\underline{x}}(k) \end{bmatrix} + \begin{bmatrix} B \\ B \end{bmatrix} \underline{u}(k)$$

$\mathcal{C} = \begin{bmatrix} B & AB & A^2B & \cdots & A^{n-1}B \\ B & AB & A^2B & & A^{n-1}B \end{bmatrix}$ rank $\mathcal{C} = n \neq 2n$
$\therefore$ uncontrollable.

8-23 $A = \begin{bmatrix} 1 & 1 \\ 0 & 1 \end{bmatrix}$ $\}$ $\theta = \begin{bmatrix} a & 1 \\ a & a+1 \end{bmatrix}$

$C = \begin{bmatrix} a & 1 \end{bmatrix}$

$\det(\lambda I - \theta) = \lambda^2 - (2a+1)\lambda + a^2$

$\therefore \lambda_{1,2} = \frac{1}{2}\left[2a+1 \pm \sqrt{4a+1} \right]$

$k(\theta) = \dfrac{2a+1 + \sqrt{4a+1}}{2a+1 - \sqrt{4a+1}}$

$k(\theta) \to \infty$ as $a \to 0$.
(unobservable).

k	142	6.9	1.9	1.2
a	.1	1	10	100

A singular matrix $\sim k = \infty$.
The closer to 1, the better the "condition", or the "more observable".

CHAPTER 9

9-1 (a) Q large compared with R.
(b) R large compared with Q.

9-2 A problem with high terminal accuracy and a finite control interval; e.g. a docking maneuver in space.

9-3 $J = \frac{1}{2} \sum_{k=0}^{\infty} [\underline{x}^T(k) \{Q - MR^{-1}M^T\} \underline{x}(k) + \underline{v}^T(k) R \underline{v}(k)]$.

9-4 (a) $A = B = Q = R = H = P(0) = 1$, $N = 3$ (Eqs. (9-24), (9-26))

$F(N-k) = -[1 + P(k-1)]^{-1} P(k-1)$

$P(k) = [1 + F(N-k)]^2 P(k-1) + F^2(N-k) + 1$

$P(0) = 1 = D(N-1)$, $F(N-1) = F(2) = -.5$
$P(1) = 1.5$, $F(N-2) = F(1) = -.6$
$P(2) = 1.6$, $F(N-3) = F(0) = -.616$

(b) $x(0) = 1$, $u(0) = -.5$ $x(0) = -.5$
$x(1) = 1 - .5 = .5$, $u(1) = -.3$
$x(2) = .5 - .3 = .2$, $u(2) = -.1232$
$x(3) = x(N) = .2 - .1232 = .0768$.

$J = \frac{1}{2} [.0768^2 + 1 + .25 + .25 + .09 + .04 + .1232^2]$

$J = 0.826$, Eq. (9-28): $J = \frac{1}{2}(P(3)) = 0.808$

(c) $F = \frac{-P}{1+P}$, $P = (1+F)^2 P + F^2 + 1$

∴ $P^2 - P - 1 = 0$, $P = \frac{1+\sqrt{5}}{2}$, $F = \frac{-(1+\sqrt{5})}{(3+\sqrt{5})} = -.618$

(d) Since $F(N-4) \approx F$ (steady state) and the natural response of the closed-loop system is proportional to $(1-.618)^n \approx (.4)^n$, $\{(0.4)^8 \leq .001\}$ ∴ $N = 4 + 8 = \underline{\underline{12}}$
For control intervals longer than 12 stages F can be used to 3-place accuracy rather than F(k).

87

9-5 (a) $A = B = Q = 1$, $R = 4$, $N = 8$, $P(0) = 0$

$$\begin{cases} F(N-k) = \dfrac{-P(k-1)}{P(k-1)+4} \\ P(k) = [1+F(N-k)]^2 P(k-1) + 4F^2(N-k) + 1 \end{cases} \quad k = 1, 2, \ldots, 8$$

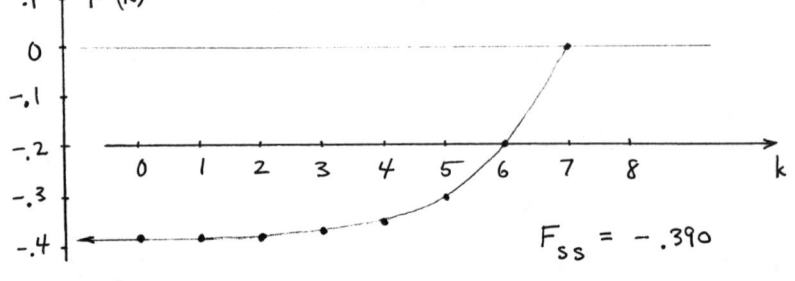

$F_{ss} = -.390$

$P(k)$	1	1.8	2.241	2.44	2.51	2.54	2.56	2.56
$F(N-k)$	0	-.2	-.310	-.359	-.379	-.386	-.389	-.390
k	1	2	3	4	5	6	7	8

(b) $x(k+1) = x(k) + u(k)$, $x(0) = 10$; $u(k) = F(k) x(k)$:

$x^*(k)$	10	6.10	3.73	2.29	1.42	.91	.63	.50	.50
$u^*(k)$	-3.90	-2.37	-1.44	-.87	-.51	-.28	-.13	0	
k	0	1	2	3	4	5	6	7	

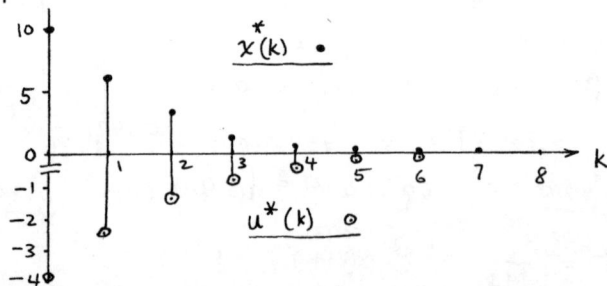

$$J = \tfrac{1}{2} \sum_{k=0}^{7} [x^2(k) + 4u^2(k)] = 127.95$$

$$J^* = \tfrac{1}{2} x^T(0) P(N) x(0) = 127.95$$

(c) $F_{ss} = -.390$.

(d) Control interval $\geq 8 + 14 = \underline{22 \text{ stages}}$, $(.61)^{14} = .001$.

9-6 (a) $A = B = 1$, $H = Q = .2$, $R = 2$, $P(0) = H = .2$

$$\begin{cases} F(N-k) = -[2 + P(k-1)]^{-1} P(k-1) \\ P(k) = [1 + F(N-k)]^2 P(k-1) + 2F^2(N-k) + .2 \end{cases}$$

$P(k)$	.382	.520	→	.701	.719	→	.737	.739	.739
$F(N-k)$	-.091	-.160	→	-.251	-.260	→	-.268	-.269	-.269
k	1	2	→	5	6	→	9	10	11

$F_{ss} = -.270$

(b) $\begin{cases} P = (1+F)^2 P + 2F^2 + .2 \\ F = \dfrac{-P}{P+2} \end{cases}$ } $\quad P^3 + 1.8P^2 - .8P - .8 = 0$

$\qquad P = -2, -.540, .7403$

$F = -.2702$

9-7 Using "Optimal" in Appen. D,

$\qquad F_{ss} = [-.3285 \quad 1.2206]$

9-8 (a) $F(0) = [-0.147 \quad 1]$
$\qquad F(1) = [0 \quad 0.8]$
$\qquad F(2) = [0 \quad 0]$

(b) Assuming $\underline{x}(0) = [1 \quad 1]^T$,
$\quad u(0) = 0.853, \qquad \underline{x}(1) = [0 \quad -0.147]^T$
$\quad u(1) = -.1176, \qquad \underline{x}(2) = [-0.147 \quad 0.0294]^T$
$\quad u(2) = 0, \qquad \underline{x}(3) = [0.1764 \quad -0.0294]^T$

$J = \frac{1}{2} [1 \quad 1] \begin{bmatrix} 2.85 & -2 \\ -2 & 7 \end{bmatrix} \begin{bmatrix} 1 \\ 1 \end{bmatrix} = 2.925$

(c) $F_{ss} = [-.3285 \quad 1.2206] \qquad (.6)^{14} = .0008$

(d) Control interval ≥ $N_1 + N_2 = 10 + 14 = \underline{24 \text{ steps}}$.
$\quad N_1 = \#$ steps for $F(k) \to F_{ss}$ (10 for 3-place accuracy)
$\quad N_2 = \#$ steps of settling time for $(A + BF_{ss})$ system.
$\qquad \left(\lambda(A + BF_{ss}) = -.18, -.60 \right)$

9-9 (a) $G_p(z) = \dfrac{2(1-e^{-T})}{z - e^{-T}} \bigg|_{T=0.1} = \dfrac{0.1903}{z - 0.9048}$

```
u          x_2                    x_1
•→[z⁻¹]→•→[.1903]→•→[z⁻¹]→•→
    ↑_1_|              ↑_.9048_|
```

$\underline{x}(k+1) = \begin{bmatrix} .9048 & .1903 \\ 0 & 1 \end{bmatrix} \underline{x}(k) + \begin{bmatrix} 0 \\ 1 \end{bmatrix} u(k)$

(b) $H = 0$, $N = \infty$, $Q = \text{diag.}\{1, 4\}$, $R = 1$

∴ $F = [-.1417 \quad -.8649]$

(c) $\det[zI - (A + BF)] = (z + .172)(z + .868)$

∴ Closed-loop poles: $z = -.172, -.868$.

9-10 (a) $T(z) = \dfrac{.1903}{(z-1)(z-.9048)} = \dfrac{X_1(z)}{U(z)}$

From Eq. (9-50)

$T(z^{-1})T(z) = \dfrac{0.04\, z^2}{(z-1)^2(z-.9048)(z-1.1052)}$

Only the upper-half plane inside the unit circle is completed.

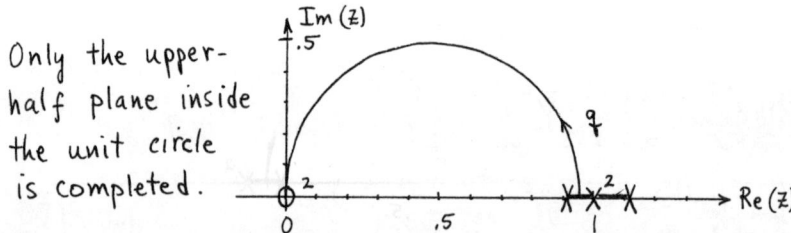

(b) A and B are given in Problem 9-9(a), $H = 0$, $R = 1$

$Q = \begin{bmatrix} q & 0 \\ 0 & 0 \end{bmatrix}$ for (1) $q = .1$, (2) $q = 1$, (3) $q = 10$:

(1) $F_{.1} = [-.1427 \quad -.2669]$
(2) $F_1 = [-.4986 \quad -.5252]$ Using "Optimal" in Appendix D
(3) $F_{10} = [-1.392 \quad -.9450]$ over 50 iterations

9-10 (c) $(A+BF_{.1}) = \begin{bmatrix} .9048 & .1903 \\ -.1427 & .7331 \end{bmatrix}$,

$(A+BF_1) = \begin{bmatrix} .9048 & .1903 \\ -.4986 & .4748 \end{bmatrix}$, $(A+BF_{10}) = \begin{bmatrix} .9048 & .1903 \\ -1.392 & .055 \end{bmatrix}$

[plot of $x_1(k)$ vs k with legend: • $q = 0.1$, ⊙ $q = 1.0$, × $q = 10$]

9-11 (a) $T(z) = \dfrac{X_1(z)}{U(z)} = \dfrac{.005\, z + .0787}{(z-1)(z-.819)}$

$T(z)\,T(z^{-1}) = \dfrac{.00048\,(z+15.8)\,z\,(z+0.063)}{(z-1)^2\,(z-.819)\,(z-1.221)}$

Upper plane inside unit-circle shown.

[pole-zero plot in z-plane: poles at $z = 1$ (double) and $z = 1.221$; zeros at $z = -15.8$, 0, -0.063; showing upper half unit circle]

(b) $H = 0$, $R = 1$, $Q = \text{diag}\{q\ 0\}$ for (1) $q = .1$, (2) $q = 1$, (3) $q = 10$:

(1) $F_{.1} = [-.2987 \quad -.1228]$

(2) $F_1 = [-.8714 \quad -.2919]$

(3) $F_{10} = [-2.3474 \quad -.6071]$

Using "Optimal" in Appen. D. with 50 iterations.

9-11 (c)

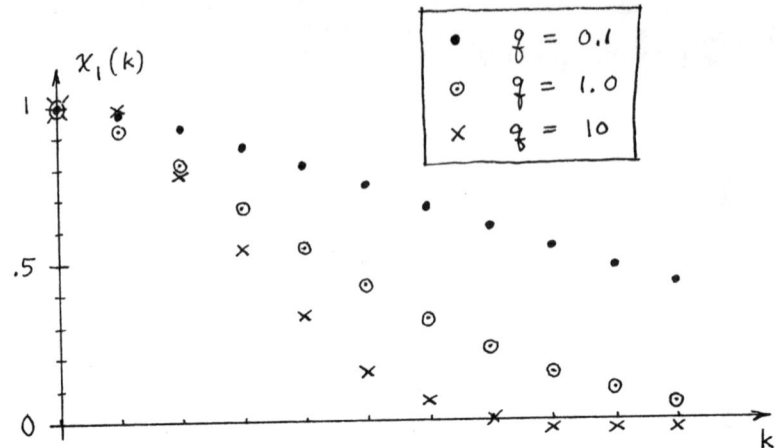

9-12 Using "Optimal" in Appendix D:

$$\underline{u}(k) = F \underline{x}(k), \quad F = \begin{bmatrix} 0 & 0 & -3.7656 \\ -2.4411 & 3.1127 & 0 \end{bmatrix}.$$

9-13 $C = [0 \ 1 \ 0]$, $B = [0 \ 1 \ 1]^T$

since x_2 and $(u_1 + u_2)$ correspond to y and u in J.

$$\therefore T(z) = C(zI-A)^{-1}B = \begin{bmatrix} 0 \\ 1 \\ 0 \end{bmatrix}^T \begin{bmatrix} \frac{1}{z+2} & \frac{1}{(z+2)^2} & 0 \\ 0 & \frac{1}{z+2} & 0 \\ 0 & 0 & \frac{1}{z-4} \end{bmatrix} \begin{bmatrix} 0 \\ 1 \\ 1 \end{bmatrix}$$

$$= \frac{1}{z+2}$$

$$\therefore T(z)T(z^{-1}) = \frac{0.5z}{(z+.5)(z+2)}$$

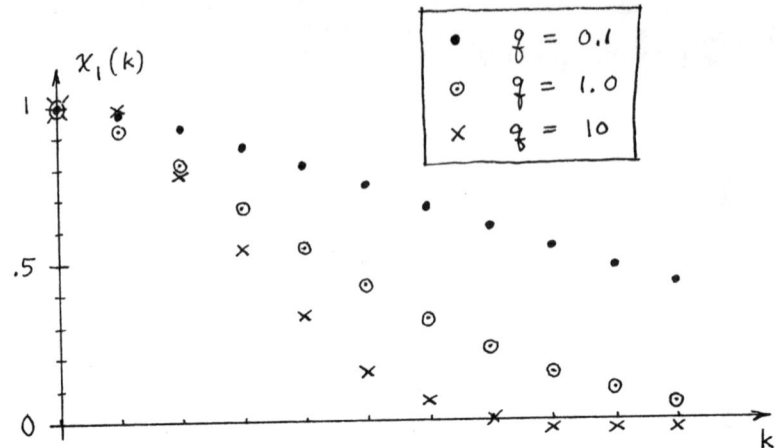

9-14 (a) $\underline{u}(k) = F \underline{x}(k)$, $F = \begin{bmatrix} .8371 & -.4543 \\ -.7991 & .7633 \end{bmatrix}$
(using "Optimal", App. D)

9-14 (b) $A+BF = \begin{bmatrix} -.1629 & .0457 \\ .2009 & -.2367 \end{bmatrix} = \bar{A}$

$\det(zI-\bar{A}) = z^2 + .3996z + .0294$, poles $\begin{cases} z = -.0971 \\ z = -.3025 \end{cases}$

(c), (d)

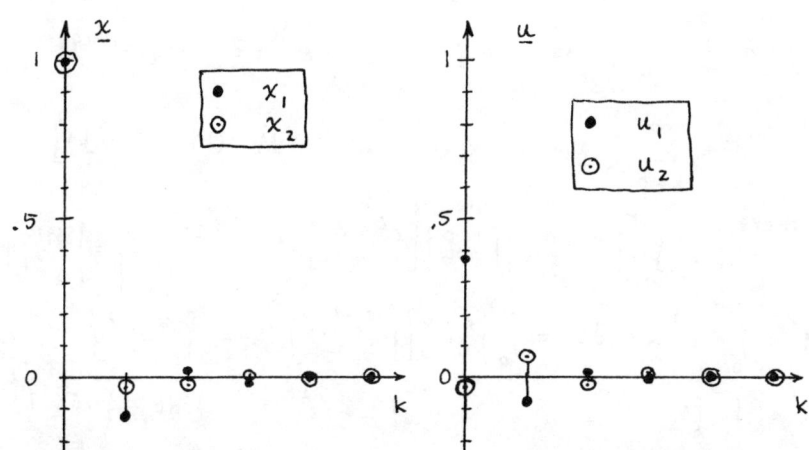

9-15 (a) Assuming steady-state gains: $\begin{cases} F = [-1.611 \quad 1.156] \\ G = 3.986 \end{cases}$

$\bar{A} = A+BF = \begin{bmatrix} -1 & .5 \\ -.611 & .156 \end{bmatrix}$

(b)

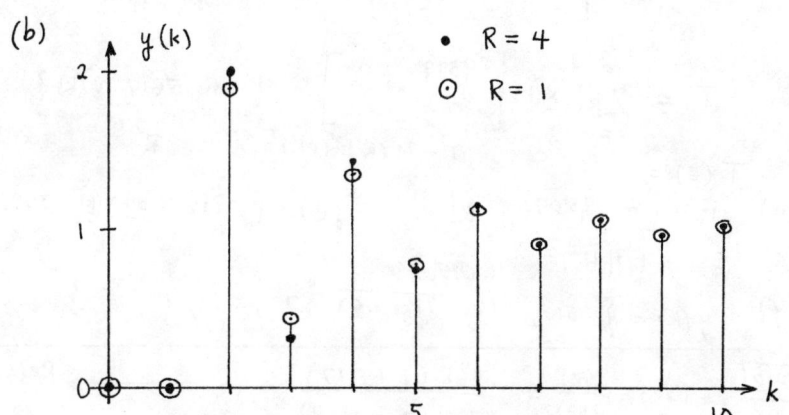

9-16 (a) $F = [-1.657 \quad 1.221]$, $G = 3.775$

(b) Plotted in 9-15 (b) above, (R=1).

9-17 (a) $\begin{cases} \underline{x}(k+1) = e^{AT} \underline{x}(k) + [\int_0^T e^{At} B \, dt] u(k) \\ y(k) = C e^{A(T-\Delta)} \underline{x}(k) + C[\int_0^{T-\Delta} dt \, e^{At} B] u(k) \end{cases}$

$e^{A(0.5)} = \begin{bmatrix} 1.6487 & 0 \\ 0 & .3679 \end{bmatrix}$, $\int_0^{.5} e^{At} B \, dt = \begin{bmatrix} .6487 \\ .3161 \end{bmatrix}$

$C e^{A(.3)} = [1.3499 \quad 0]$, $C \int_0^{.3} e^{At} B \, dt = [.3499]$

(b) $J = \sum_{k=0}^{\infty} [\underline{x}^T(k) Q' \underline{x}(k) + 2 \underline{x}^T(k) M' u(k) + R' u^2(k)]$

where
$Q' = \int_0^{.5} \begin{bmatrix} e^t & 0 \\ 0 & e^{-2t} \end{bmatrix} \begin{bmatrix} 1 & 0 \\ 0 & 0 \end{bmatrix} \begin{bmatrix} e^t & 0 \\ 0 & e^{-2t} \end{bmatrix} dt = \begin{bmatrix} \frac{e^{-1}}{2} & 0 \\ 0 & 0 \end{bmatrix} = \begin{bmatrix} .8591 & 0 \\ 0 & 0 \end{bmatrix}$

$M' = \int_0^{.5} \Phi^T Q \Gamma \, dt = \int_0^{.5} \begin{bmatrix} e^t & 0 \\ 0 & 0 \end{bmatrix} \begin{bmatrix} e^t - 1 \\ \frac{1-e^{-2t}}{2} \end{bmatrix} dt = \begin{bmatrix} .2104 \\ 0 \end{bmatrix}$

$R' = \int_0^{.5} [R + \Gamma^T Q \Gamma] \, dt = \int_0^{.5} [1 + (e^{2t} - 2e^t + 1)] dt = [.5617]$

(c) $u(k) = v(k) - (R')^{-1}(M')^T \underline{x}(k) = v(k) - \overbrace{[.3746, 0]}^{F'} \underline{x}(k)$

$\underline{x}(k+1) = \begin{bmatrix} 1.4057 & 0 \\ -.1184 & .3679 \end{bmatrix} \underline{x}(k) + \begin{bmatrix} .6487 \\ .3161 \end{bmatrix} v(k)$

$J = \sum_{k=0}^{\infty} \{ \underline{x}^T(k) \underbrace{\begin{bmatrix} .9319 & 0 \\ 0 & 0 \end{bmatrix}}_{Q' - M'(R')^{-1}(M')^T} \underline{x}(k) + .5617 \underbrace{v^2(k)}_{R'} \}$

(d) $F = [-1.4507 \quad 0]$, $y(k) = [.7112 \quad 0] \underline{x}(k) + .3499 \, r$

(e) $G = 1.447$

(f) $y(k) = \{.51, 1.16, .97, 1.02, 1, 1, 1, \cdots\}$

9-18 $T(z) = \dfrac{Y(z)}{U(z)} = \dfrac{.368(z + .717)}{(z-1)(z - .368)}$

$T(z) T(z^{-1}) = \dfrac{.264 \, z (z + .717)(z + 1.395)}{(z-1)^2 (z - .368)(z - 2.717)}$

Upper plane inside
unit circle
completed.

9-19 $J = \frac{1}{2} \sum_{k=0}^{\infty} [\underline{x}^T \; \underline{u}^T] \begin{bmatrix} Q & M \\ M^T & R \end{bmatrix} \begin{bmatrix} \underline{x} \\ \underline{u} \end{bmatrix}$.

The matrix in the quadratic form above is dual to the covariance matrix $E[\underline{w}(k) \underline{w}^T(k)]$ in Eq. (9-82).

∴ M is dual to correlated plant and measurement noise.

9-20 Since $G_p(z) = \frac{1-e^{-T}}{z-e^{-T}}$,

(a)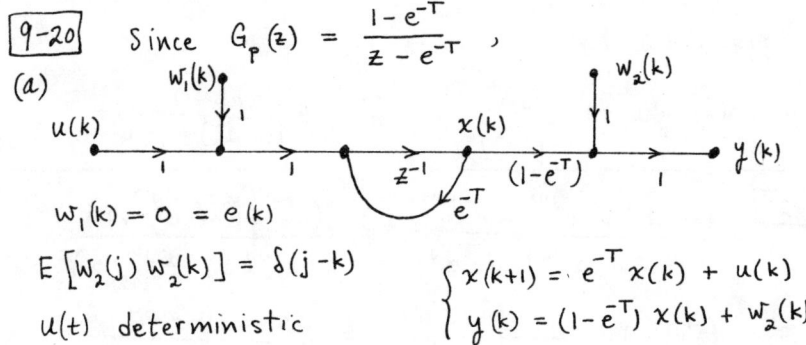

$w_1(k) = 0 = e(k)$

$E[w_2(j) w_2(k)] = \delta(j-k)$

$u(t)$ deterministic

$\begin{cases} x(k+1) = e^{-T} x(k) + u(k) \\ y(k) = (1-e^{-T}) x(k) + w_2(k) \end{cases}$

(b) The steady-state estimator gains are zero (because $w_1(k) = 0$).

9-21 (a) $S_y(z) = H(z) H(\frac{1}{z}) N_0$, $H(z) = \frac{z}{z-p}$

∴ $S_y(z) = \frac{N_0 z}{(z-p)(1-pz)}$

(b) With $N_0 = 1$ and $p = .5$: $S_v(z) = 1$, $S_y(z) = \frac{-2z}{(z-.5)(z-2)}$

$\frac{\omega T}{\pi 16}$	0	1	2	3	4	5	6	7	8	9	10	11	12	13
$S_y(e^{j\omega T})$	4	3.71	3.07	2.39	1.84	1.44	1.52	.95	.8	.69	.61	.55	.51	.48
$S_v(e^{j\omega T})$	1	1	1	1	...									

(c) $S_v(z) \to N_0 \delta(k)$ input autocorrelation sequence

$S_y(z) = \frac{-(N_0/p) z}{(z-p)(z-\frac{1}{p})}$, $R_y(k) = \text{Res}[S_y(z) z^{k-1}, p]$ for $k \geq 0$

$= N_0 p^k / (1-p^2)$, $k \geq 0$.

9-22 (a) $H(z) = \frac{Y(z)}{X(z)} = \frac{z+b}{z+a}$.

(b) $S_y(z) = H(z) H(z^{-1}) \cdot 1 = \frac{(z+b) \frac{1}{a}(1+bz)}{(z+a)(z+1/a)}$

$R_y(n) = \text{Res}[S_y(z) z^{n-1}, -a] = \frac{(-a+b)(1-ba)(-a)^{n-1}}{(1-a^2)}$, $n > 0$.

9-22 (c) $\bar{y}(k+1) = -a\bar{y}(k) + \bar{x}(k+1) + b\bar{x}(k)$

$\bar{x}(k) = 0$, $\bar{y}(0) = y(0) = 0$

Variance: Let $g(k)$ be the state:

$$\begin{cases} g(k+1) = -a\,g(k) + x(k) \\ y(k) = (b-a)\,g(k) + x(k) \end{cases}, \quad P(k) = \text{Var}[g(k)]$$

$P(k+1) = a^2 P(k) + 1 \qquad \therefore P_{ss} = \dfrac{1}{1-a^2}$

$\therefore \text{Var}[y] \rightarrow \dfrac{(b-a)^2}{(1-a^2)} + 1 = \dfrac{b^2 - 2ab + 1}{(1-a^2)}$

9-23

$$\dfrac{2 + e^{j\omega} + e^{-j\omega}}{5 + 2e^{j\omega} + 2e^{-j\omega}} = \dfrac{(e^{j\omega}+1)(e^{-j\omega}+1)}{(e^{j\omega}+2)(e^{-j\omega}+2)}$$

$H(z^{-1})H(z) = \dfrac{z+1}{z+2} \cdot \dfrac{z^{-1}+1}{z^{-1}+2} = \dfrac{0.5\,(z+1)(z+1)}{(z+0.5)(z+2)}$

Taking the stable factor:

$H(z) = \dfrac{\sqrt{.5}\,(z+1)}{(z+.5)}$, $\quad u(k) \text{ unit.var white seq.} \rightarrow \boxed{H} \rightarrow x(k)$

9-24

(a) $H(z) = \dfrac{Y(z)}{U(z)} = \dfrac{z^2 - .2z}{z^2 + 1.3z + .4}$, $\quad u(k) \sim N(1,1)$ (for all k).

$\bar{y}(k+2) + 1.3\,\bar{y}(k+1) + .4\,\bar{y}(k) = \bar{u}(k+2) - .2\,\bar{u}(k+1)$, $\bar{u}(k) = 1(k)$.

$(z^2 + 1.3z + .4)\,\bar{Y}(z) = \dfrac{(z^2 - .2z)\,z}{(z-1)} - z^2 - .8z$

$\bar{Y}(z) = \dfrac{-.8z}{(z-1)(z+.5)(z+.8)}$, $\therefore \bar{y}(k) = .296 - 1.78(-.5)^k + 1.48(-.8)^k$ for $k \geq 0$

(b) From Eq. (C-29)

$T(z) = H(z)\,H(z^{-1})\,z^{-1} = \dfrac{-.5\,(z-.2)(z-5)}{(z+.8)(z+.5)(z+1.25)(z+2)}$

$\text{Var}[y(k)]\Big|_{\text{steady state}} = \text{Res.}(T, -.8) + \text{Res.}(T, -.5)$

$= 17.90 - 5.70 = \underline{12.20}$

9-25 First, an approximation of the spectral density by one corresponding to some rational function $H(z)$, namely $S_x(\omega) = H(z)H(z^{-1})\big|_{z=e^{j\omega}}$

Second, the model for $x(k)$ is the output or response of $H(z)$ to a unit-variance white sequence input.

9-26 From Eq. (9-96) with $H(z) = T_0(z)$,

$$H(z)H(z^{-1}) = \frac{-1.333 \times 10^{-4} \; z \,(z+.8)(z+1.25)}{(z-1)^2 \,(z-.6)(z-1.667)}$$

9-27 $w(k+1) = a\,w(k) + v(k)$, $\{v(k) \sim N(0, Q)$ white sequence

① $E[w^2(k+1)] = a^2 E[w^2(k)] + Q$

$E[w^2(k)] = 4$, $E[w(k+1)w(k)] = 2$

② $E[w(k+1)w(k)] = a\,E[w^2(k)]$

$\begin{cases} 4 = a^2(4) + Q \\ 2 = a(4) \end{cases}$ $\therefore \begin{cases} a = 0.5 \\ Q = 3 \end{cases}$

9-28 $\begin{bmatrix} x(k+1) \\ w_1(k+1) \end{bmatrix} = \begin{bmatrix} .5 & 1 \\ 0 & .5 \end{bmatrix}\begin{bmatrix} x(k) \\ w_1(k) \end{bmatrix} + \begin{bmatrix} 0 \\ 1 \end{bmatrix} v(k)$

$y(k) = [1 \quad 0]\,[x(k)\ w_1(k)]^T + w_2(k)$

$\begin{bmatrix} \hat{x}(k+1) \\ \hat{w}_1(k+1) \end{bmatrix} = \begin{bmatrix} .5 & 1 \\ 0 & .5 \end{bmatrix}\begin{bmatrix} \hat{x}(k) \\ \hat{w}_1(k) \end{bmatrix} + \underline{K}\left[y(k) - \hat{x}(k)\right] , \begin{bmatrix} \hat{x}(0) \\ \hat{w}_1(0) \end{bmatrix} = \underline{0}$

$\underline{K}(k) = A\,P(k)\,C^T\,[P_{11}(k)+1]^{-1}$

$P(k+1) = [A - \underline{K}(k)C]\,P(k)\,[A - \underline{K}(k)C]^T + \begin{bmatrix} 0 & 0 \\ 0 & 3 \end{bmatrix} + \underline{K}(k)\underline{K}(k)^T$,

$P(0) = \begin{bmatrix} 0 & 0 \\ 0 & 3 \end{bmatrix}$.

9-29 Following the Hint: $\lambda\left\{\begin{bmatrix}4 & 1\\ 1 & 4\end{bmatrix}\right\} = \{3, 5\}$

$M = \begin{bmatrix}\frac{1}{\sqrt{3}} & 0\\ 0 & \frac{1}{\sqrt{5}}\end{bmatrix}\begin{bmatrix}\frac{1}{\sqrt{2}} & -\frac{1}{\sqrt{2}}\\ \frac{1}{\sqrt{2}} & \frac{1}{\sqrt{2}}\end{bmatrix}$; $\underline{y} = M\underline{x}$, $P_y = \begin{bmatrix}1 & 0\\ 0 & 1\end{bmatrix}$

ii. At each time step, take 2 N(0,1) random nos.
multiply by M^{-1} and add $[1 \; 3]^T$.

9-30 (a) $\hat{\underline{x}}(k+1) = \begin{bmatrix}1 & 1\\ 0 & 1\end{bmatrix}\hat{\underline{x}}(k) + \begin{bmatrix}.5\\ 1\end{bmatrix}g + \underline{K}(k)\{z(k) - \hat{x}_1(k)\}$ $\hat{\underline{x}}(0) = \underline{0}$.

$\underline{K}(k) = \begin{bmatrix}P_{11}(k) + P_{21}(k)\\ P_{21}(k)\end{bmatrix}\frac{1}{1 + P_{11}(k)}$

$P(k+1) = [A - \underline{K}(k)C]P(k)[A - \underline{K}(k)C]^T + \underline{K}(k)\underline{K}(k)^T$ $\begin{cases}P(0) = \\ \text{diag}\{0, 100\}\end{cases}$

(b) $P(0) = \begin{bmatrix}0 & 0\\ 0 & 100\end{bmatrix}$, $\underline{K}(0) = \underline{0}$, $\hat{\underline{x}}(1) = \begin{bmatrix}1 & 1\\ 0 & 1\end{bmatrix}\underline{0} + \begin{bmatrix}.5\\ 1\end{bmatrix}g = \begin{bmatrix}.5\\ 1\end{bmatrix}g$

$P(1) = \begin{bmatrix}1 & 1\\ 1 & 1\end{bmatrix}100$, $\underline{K}(1) = \begin{bmatrix}2\\ 1\end{bmatrix}\frac{}{1.01}$, $\hat{\underline{x}}(2) = \begin{bmatrix}2\\ 2\end{bmatrix}g + \begin{bmatrix}2\\ 1\end{bmatrix}(25.3 - 16.1)\frac{}{1.01}$.

(c) Steady-state gains are $\underline{0}$.

9-31 (a)

$\begin{cases}\underline{x}(k+1) = \begin{bmatrix}.8 & 0\\ 1.3 & .2\end{bmatrix}\underline{x}(k) + \begin{bmatrix}1\\ 1\end{bmatrix}u(k) + \begin{bmatrix}1\\ 1\end{bmatrix}w_1(k)\\ y(k) = \begin{bmatrix}1.3 & .3\end{bmatrix}\underline{x}(k) + \begin{bmatrix}1\end{bmatrix}u(k) + [w_1(k) + w_2(k)].\end{cases}$

(b) $F = [-.7681 \;\; -.0320]$

(c) Dual problem: $\underline{x}'(k+1) = \begin{bmatrix}.8 & 1.3\\ 0 & .2\end{bmatrix}\underline{x}'(k) + \begin{bmatrix}1.3\\ .3\end{bmatrix}u'(k)$

$\begin{bmatrix}Q & M\\ M^T & R\end{bmatrix} = \begin{bmatrix}1 & 1 & 1\\ 1 & 1 & 1\\ 1 & 1 & 1.09\end{bmatrix} = E\left\{\begin{bmatrix}w_1\\ w_1\\ w_1+w_2\end{bmatrix}[w_1 \;\; w_1 \;\; w_1+w_2]\right\}$

(See Probs. 9-3 and 9-19) $\underline{K} = [.8405 \;\; .9241]^T$.

9-31 (d)

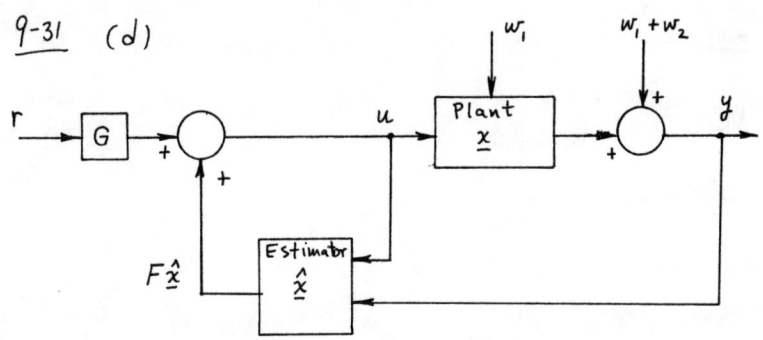

$$\begin{cases} \underline{\text{Plant}}: & \underline{x}(k+1) = A\,\underline{x}(k) + B\,u(k) + B\,w_1(k) \\ \underline{\text{Measurement}}: & y(k) = C\,\underline{x}(k) + D\,u(k) + w_1(k) + w_2(k) \end{cases}$$

$$\begin{cases} \underline{\text{Estimator}}: & \hat{\underline{x}}(k+1) = A\,\hat{\underline{x}}(k) + B\,u(k) + K\left[y(k) - C\hat{\underline{x}}(k) - Du(k)\right] \\ \underline{\text{and SVF}}: & u(k) = F\,\hat{\underline{x}}(k) + G\,r(k) \end{cases}$$

(e) (Zero-noise, unit-step response)

From Eq. (8-55), $e = x - \hat{x}$:

$$\begin{bmatrix} \underline{x}(k+1) \\ \underline{e}(k+1) \end{bmatrix} = \begin{bmatrix} A+BF & -BF \\ 0 & A-KC \end{bmatrix} \begin{bmatrix} \underline{x}(k) \\ \underline{e}(k) \end{bmatrix} + \begin{bmatrix} BG \\ 0 \end{bmatrix} r(k)$$

$G = .3557$ With $\begin{bmatrix} \underline{x}(0) \\ \underline{e}(0) \end{bmatrix} = \underline{0}$

$A+BF = \begin{bmatrix} .032 & -.032 \\ .532 & .168 \end{bmatrix}$, $C = [1.3, .3]$, $[BG] = \begin{bmatrix} .3557 \\ .3557 \end{bmatrix}$

k	0	1	2	3	4	...
$y(k)$	.36	.92	1	1	1	...
$x_1(k)$	0	.36	.36	.35	.35	...
$x_2(k)$	0	.36	.60	.65	.65	...

ISBN 0-02-422620-3